走进化学世界丛书

○ 图文并茂
○ 主题热门
○ 创意新颖

人体中的化学

RENTI ZHONG DE HUAXUE

本书编写组◎编

ZOUJIN HUAXUE SHIJIE CONGSHU

世界图书出版公司
广州·北京·上海·西安

图书在版编目（CIP）数据

人体中的化学／《人体中的化学》编写组编 . —广州：广东世界图书出版公司，2010.4（2024.2 重印）
ISBN 978－7－5100－2034－6

Ⅰ . ①人… Ⅱ . ①人… Ⅲ . ①人体生物化学－青少年读物 Ⅳ . ①Q5－49

中国版本图书馆 CIP 数据核字（2010）第 051551 号

书　　　名	人体中的化学
	RENTIZHONG DE HUAXUE
编　　　者	《人体中的化学》编写组
责任编辑	陈世华
装帧设计	三棵树设计工作组
出版发行	世界图书出版有限公司　世界图书出版广东有限公司
地　　　址	广州市海珠区新港西路大江冲 25 号
邮　　　编	510300
电　　　话	020-84452179
网　　　址	http://www.gdst.com.cn
邮　　　箱	wpc_gdst@163.com
经　　　销	新华书店
印　　　刷	唐山富达印务有限公司
开　　　本	787mm×1092mm　1/16
印　　　张	10
字　　　数	120 千字
版　　　次	2010 年 4 月第 1 版　2024 年 2 月第 11 次印刷
国际书号	ISBN　978-7-5100-2034-6
定　　　价	48.00 元

前 言
PREFACE

在自然学科中，化学是一门与人类密切相关的学科。在我们身边，化学现象无处不在，比如说木柴的燃烧、面粉的发酵等。实际上，化学与人体也密切相关。化学与人体，是一个既传统又新颖的话题。人体的发育、生命的维持无不与错综复杂的化学物质与化学反应相联系。

对于人体的组成，有人说是由细胞构成的，但归根结底还是由各种化学元素构成的。在人体中，人们根据元素的含量，将其划分为常量与微量两种：含量占人体总重量万分之一以上称常量元素，含量占人体总量万分之一以下称微量元素。氧、碳、氢、氮、钙、磷、钾、硫、钠、氯、镁等元素被称为人体常量元素；铁、锌、铜、锰、碘、钴、锶、铬、硒等被称为微量元素。微量元素虽然在人体中需求量很低，但其作用却非常大。比如锌，该元素对人体多种生理功能起着重要作用：参与多种酶的合成；加速生长发育；增强创伤组织再生能力；增强抵抗力；促进性机能等。人体中的微量元素溶融在人体的血液里。如果缺少了这样那样的微量元素，人就会得病，甚至导致死亡。

人体之所以具有生命，离不开两个基本物质：核酸与蛋白质。核酸是由许多核苷酸聚合成的生物大分子化合物，为生命的最基本物质之一，常与蛋白质结合形成核蛋白。核酸不仅是基本的遗传物质，而且在生长、遗传、变异等一系列重大生命现象中起决定性的作用。蛋白质是生命的物质基础，没有蛋白质就没有生命。因此，它是与生命及与各种形式的生命活动紧密联系在一起的物质。机体中的每一个细胞和所有重要组成部分都有蛋白质参与。

另外，在人体中，激素与酶也是两种重要物质。人体内的激素是由内分泌细胞产生的一种物质，它起控制和调节体内各项生命活动的作用。酶是人体活细胞产生的一种生物催化剂，催化生物体内各种生物化学反应的进程。在人体中，两者所占的比例并不大，但是作用却非常重要。

为了维持生命与健康，人类还必须摄取一些必要的营养物质：糖类、脂类、蛋白质、维生素、水等，这些营养物质主要存在于食物中，人们通过饮食获得所需要的各种营养素和能量，维护自身健康。但是，饮食也要抱以科学的态度，合理的饮食，不仅能满足身体能量所需，还能预防多种疾病的发生；不合理的饮食，营养过度或不足，则会给健康带来危害。

在现代化的生活中，化学已经渗透到我们的衣、食、住、行之中。我们享受着化学带给我们的生活质量，同时也承受着化学带给我们的种种疾病和灾难。由于人类生存环境的恶化，空气和水源污染日益加剧，各种恶性疾病的发病率存在明显增高的趋势。比如，日本水俣病的发生、洛杉矶光化学烟雾的出现，都有着很好的警示作用。

随着社会的进步和生活水平的提高，必然伴随着对生活质量的更高追求，伴随着对健康、长寿的重视。本书以化学基础知识为经线，以与人体密切相关的化学因子为纬线，阐述化学与人体之间的联系，通俗易懂，深入浅出，是一本非常优秀的大众科普读物。

Contents
目 录

化学元素与人体健康

HUAXUE YUANSU YU RENTI JIANKANG

　　人体和地球一样，都是由各种化学元素组成的，存在于地壳表层的90多种元素均可在人体组织中找到。但是，组成人体的元素到底有多少，这个问题还有待于科学家们进一步研究。有些元素虽然已经被科学家证实存在于人体内，但它们在人体内起的作用还不十分清楚；有些元素在人体内的生理功能尚有争议。

　　根据元素在人体内的含量，可划分为常量与微量两种：含量占人体总重量万分之一以上称常量元素，含量占人体总量万分之一以下称微量元素。另外，根据机体对微量元素的需要情况又分为必需微量元素和非必需微量元素。维持人体正常生命活动不可缺少的元素称为必需微量元素。所谓不可缺少，并非指缺少将危及生命不能生存，而是指缺少时会引起机体生理功能及结构异常，导致疾病发生。

　　将微量元素分为必需与非必需、有毒与无害，只有相对的意义。因为即使同一种微量元素，低浓度时是有益的，高浓度时则可能是有害的。同时亦不意味着以任何浓度使用该元素都是安全的。

　　那么，元素与人体健康究竟有什么关系，常量元素和微量元素又有哪些，这就是本章所要告诉大家的。

人体中的化学元素

自然中的一切物质都由化学元素组成，人体也不例外，人体内至少含有60种化学元素，与生命活动密切相关的元素被称为生命元素。这些元素对我们的健康起着举足轻重的作用。那么我们的体内到底有哪些化学元素呢？这些元素对人体分别有什么作用呢？人体中的必需元素有那些呢？微量元素又有哪些呢？

人体中的化学成分百分比：美国的化学及土壤局花了不少钱来计算人体所含的化学和矿物成分，所得结果如下：65%氧、18%碳、10%氢、3%氮、1.5%钙、1%磷、0.35%钾、0.25%硫、0.15%钠、0.15%氯、0.05%镁、0.0004%铁、0.00004%碘。另外，还发现人体含有微量的氟、硅、锰、锌、铜、铝和砷。这些全部加起来还不值1美元，可是这些元素组合在一起创造的生命却是无价的。

按重量百分比计算，人体内的主要化学元素碳、氢、氧和氮，占人体重量的96%。这4种化学元素是有机化学的基础物质，所以可以说人体的96%是有机物。人体的剩余部分由其他有机物和无机物组成，其中大部分是矿物质。碳、氢、氧、氮和钙（1.5%）加在一起，总共占人体的97.5%。其余的2.5%包括40多种元素，如磷、硫、钾、钠、氯、镁、铁、锌、氟、钼、锶、铜、碘等。其中前6种占体重的0.5%~1%；从第七种以后，在人体里的含量分别只占0.1%以下，被称为人体里的微量元素。一般都认为，人体必需的微量元素有9种：铁、氟、锌、铜、铬、锰、碘、钼、钴。人体里必需的微量元素，对生命的正常新陈代谢是重要的，缺了不可，多了也会出现病态。所以，人体的元素组成和环境有密切的关系。注意摄入食物的元素组成，消除环境污染。

在天然的条件下，地球上或多或少地可以找到90多种元素，根据目前掌握的情况，多数科学家比较一致的看法，认为生命必需元素共有28种，包括氢、硼、碳、氮、氧、氟、钠、镁、硅、磷、硫、氯、钾、钙、钒、铬、锰、铁、钴、镍、铜、锌、砷、硒、溴、钼、锡和碘。

硼是某些绿色植物和藻类生长的必需元素，而哺乳动物并不需要硼，因此，人体必需元素实际上为 27 种。在 28 种生命必需的元素中，按体内含量的高低可分为宏量元素（常量元素）和微量元素。

宏量元素（常量元素）指含量占生物体总质量 0.01% 以上的元素，如氧、碳、氢、氮、磷、硫、氯、钾、钠、钙和镁。这些元素在人体中的含量均在 0.03% ~ 62.5% 之间，这 11 种元素共占人体总质量的 99.95%。

微量元素指占生物体总质量 0.01% 以下的元素，如铁、硅、锌、铜、溴、锡、锰等。这些微量元素占人体总质量的 0.05% 左右。它们在体内的含量虽小，但在生命活动过程中的作用是十分重要的。

人体内化学元素的含量

有人对海水、古代人体和现代人体中一些微量元素的含量进行比较，发现它们之间存在着一些关联，说明生物进化与生存环境有关。人类在适应生存和进化中，逐渐形成了一套摄入、排泄和适应环境元素的保护机制，所以人体内的元素含量水平无论是宏量元素还是微量元素，都是经过长期进化形成的。

海水、古代和现代人体中的一些痕量元素

元　素	海水中的含量	原始人体中的含量	现代人体中的含量
	微克/克	微克/克	微克/克
必需：			
铁	3.4	60	60
锌	15	33	33
铷	120	4.6	4.6
锶	8000	4.6	4.6
氟	1300	37	37
铜	10	1.0	1.2
硼	4600	0.3	0.7
溴	65000	1.0	2.9
碘	50	0.1 ~ 0.5	0.2
钡	6	0.3	0.3

续表

元　素	海水中的含量	原始人体中的含量	现代人体中的含量
	微克/克	微克/克	微克/克
锰	1	0.4	0.2
硒	4	0.2	0.2
铬	2	0.6	0.09
钼	14	0.1	0.1
砷	3	0.05	0.1
钴	0.1	0.03	0.03
钒	5	0.1	0.3
非必需：			
锆	0.02	6.0	6.7
铅	4	0.01	1.7
铌	0.01	1.7	1.7
铝	1200	0.4	0.9
镉	0.03	0.001	0.7
钛	5	0.4	0.4
锡	3	<0.001	0.2
镍	3	0.1	0.1
金	0.004	<0.001	0.1
锂	100	0.04	0.04
锑	0.2	<0.001	0.04
铋	0.02	<0.001	0.03
汞	0.03	<0.001	0.19
银	0.15	<0.001	0.03
铯	2	0.02	0.02
铀	3.3	0.01	0.01
镭	0.3×10^{-10}	4×10^{-10}	4×10^{-10}

人体中大约65%是水，余下的35%固体物质中，绝大部分是宏量元素。

化学元素

化学元素指自然界中一百多种基本的金属和非金属物质，它们只由一种原子组成，其原子中的每一核子具有同样数量的质子，用一般的化学方法不能使之分解，并且能构成一切物质。1923年，国际原子量委员会作出决定：化学元素是根据原子核电荷的多少对原子进行分类的一种方法，把核电荷数相同的一类原子称为一种元素。

人体中的常量元素：钙

随着社会发展的不断改善，人民生活水平也不断地提高。由于各地传统的饮食习惯，加之食之过精、偏食和不良生活习惯等原因，致使我国一些地区的部分人群，体内钙元素偏低。由于缺钙，儿童、妇女、老年人甚至青壮年者产生多种疾病。近年来，随着科学的发展和医学的进步，人们对缺钙的危害性已有了足够的认识。但是现在，广大消费者面临的问题不是买不到钙产品，而是当前媒体对补钙的宣传达到了白热化的程度，几乎造成一种全民缺钙，不分男、女、老、幼，人人需要补钙的一种异常氛围。面对市场上的几百种钙剂，由于质量良莠不齐，而铺天盖地的广告宣传，令人无所适从。因此，消费者只有走出补钙误区，才能明明白白地补钙。

钙在人体内的分布

钙是人体中重要因素，居体内各组成元素的第五位，最丰富的元素之一，同时也是含量最丰富的矿物质元素，它占人体总重量的1.5% ~ 2.0%。大约99%的钙集中在骨骼和牙齿内，其余分布在体液和软组织中。血液中的钙不及人体总钙量的0.1%。正常人血浆或血清的总钙浓度比较恒定，平均为2.5摩尔/升（9~11毫克/分升）；儿童稍高，常处于上限。随着年龄的增加，男子血清中钙、总蛋白和白蛋白平行地下降；而女子中的血清钙却增加，总蛋白则降低，但依旧比较稳定。

钙的生理作用

（1）钙是构成骨骼和牙齿的主要成分，起支持和保护作用。

（2）钙对维持体内酸碱平衡，维持和调节体内许多生化过程是必需的，它能影响体内多种酶的活动，如 ATP 酶、脂肪酶、淀粉酶、腺苷酸环化酶、鸟苷酸环化酶、磷酸二酯酶、酪氨酸羟化酶、色氨酸羟化酶等均受钙离子调节。

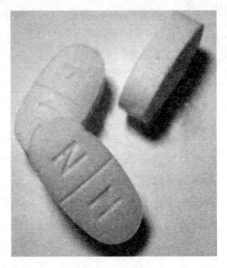

钙 片

钙离子被称为人体的"第二信使"和"第三信使"，当体内钙缺乏时，蛋白质、脂肪、碳水化合物不能充分利用，导致营养不良、厌食、便秘、发育迟缓、免疫功能下降。

（3）钙对维持细胞膜的完整性和通透性是必需的。钙可降低毛细血管的通透性，防止渗出，控制炎症与水肿。当体内钙缺乏时，会引起多种过敏性疾病，如哮喘、荨麻疹（俗称风块、鬼风疙瘩）、婴儿湿疹、水肿等。

（4）钙参与神经肌肉的应激过程。在细胞水平上，作为神经和肌肉兴奋－收缩之间的耦联因子，促进神经介质释放和分泌腺分泌激素的调节剂，传导神经冲动，维持心跳节律等。当神经冲动到达神经末梢的突触时，突触膜由于离子转移产生动作电位（钾—钠 ATP 酶作用下的钾—钠泵运转），细胞膜去极化。钙离子以平衡电位差的方式内流进入细胞，促进神经小泡与突触膜接触向突触间隙释放神经递质。这一过程中钙离子细胞膜内外转移是必需的，同时还依靠钙转移的浓度对反应强度进行调节，钙浓度高时反应强，反之则弱。由于钙的神经调节作用对兴奋性递质（乙酰胆碱、去甲肾上腺素）和抑制性递质（多巴胺、5－羟色胺、γ－羟基丁酸）具有相同的作用，因此当机体缺钙时，神经递质释放受到影响，神经系统的兴奋与抑制功能均下降。在幼儿表现较明显，常见为易惊夜啼，烦躁多动，性情乖张和多汗；中老年表现为神经衰弱、神经调节能力和适应能力下降。

（5）钙参与血液的凝固、细胞黏附。体内严重缺钙的人，如遇外伤可致流血不止，甚至引起自发性内出血。

近年医学研究证明，人体缺钙除了会引起动脉硬化、骨质疏松等疾病外，还能引起细胞分裂亢进，导致恶性肿瘤；引起内分泌功能低下，导致糖尿病、高脂血症、肥胖症；引起免疫功能低下，导致多种感染；还会出现高血压、心血管疾病、老年性痴呆等。

钙的需要量及来源

许多膳食调查的资料指出，我国人民钙摄入量偏低。中国营养学会推荐的钙供给量标准为：从初生至10岁儿童，600毫克/日；10～13岁，800毫克/日；13～16岁，1200毫克/日；16～19岁，1000毫克/日；成年男女，600毫克/日；孕妇，1500毫克/日；乳母，2000毫克/日。英国成年男女供给量标准为500毫克/日，孕妇、乳母各1200毫克/日。WHO的标准，成年男女为0.4～0.5克，孕妇、乳母为1.0～1.2克。

牛 奶

食物中钙的来源以奶（普通牛奶含钙量1.14毫克/克）及奶制品最好，不但含量丰富，且吸收率高，是婴幼儿最理想的钙源。蔬菜、豆类和油料作物种子含钙量也较丰富，其中特别突出的有黄豆（含钙量1.91毫克/克）及其制品（豆腐含钙量1.64毫克/克）、黑豆、赤小豆、各种瓜子、芝麻、小白菜等。小虾皮、花菜、海带等含钙也很丰富。饮食中应适当增加这些食品。此外，还应根据需要，适当服用葡萄糖酸钙、乳酸钙等容易吸收的钙制剂。需要注意的是，蔬菜或水果中的草酸，以及大量的脂肪，都会阻碍钙的吸收。为提高人体对钙的吸收率，还必须同时摄入丰富的维生素D，或经常晒太阳。因为人体皮肤内的7-脱氢胆固醇经日光中紫外线的照射，可转变成维生素 D。

影响钙吸收的因素

（1）肠道 pH 值条件：食物钙易溶解于酸性条件，尤其是胃酸与钙形成可溶性 $CaCl_2$ 最有利于吸收。其他如酸性氨基酸、乳酸等能酸化肠道环境的因素均有利于钙维持溶解而有利吸收。但草酸、碳酸、核苷酸和尿酸等弱酸与钙形成难溶物质，不仅干扰钙的吸收，还引起钙在组织沉淀成为钙化灶，在器官内沉淀形成结石。

（2）维生素 D：食物中的维生素 D 以及同化修饰后的羟化维生素 D，是钙在肠道吸收的关键因素。足量的羟化维生素 D，能加快钙离子在肠黏膜刷状缘积聚，增加细胞内维生素 D 依赖钙结合蛋白的合成，加速细胞内钙的迁移，使肠组织内钙的分布更广泛均匀。维生素 D 须在肾脏羟化修饰成维生素 D_0。当肝肾功能受损时维生素 D 修饰会发生障碍，从而影响钙的吸收和代谢。

（3）酪蛋白磷酸肽：食物中的钙在胃中与胃酸结合为最有利于吸收的可溶性 $CaCl_2$，但一旦进入肠道碱性环境就会破坏等电条件，甚至与弱酸结合生成沉淀干扰吸收。酪蛋白是奶中蛋白之一，该蛋白经消化与磷酸结合成为酪蛋白磷酸肽。酪蛋白磷酸肽在小肠与钙结合成可溶性盐，有利于吸收。

（4）磷酸与有机酸：大多数有机酸均为弱酸，在肠道的碱性环境中与钙形成难溶物质阻碍钙的吸收。钙的吸收需要有磷的存在。食物中的钙磷比例以 2：1（钙：磷）为适当，当钙过高磷相对低时钙吸收不良，反之则因形成磷酸钙而沉淀也不能被吸收。

（5）激素：多种激素会影响钙的吸收，如维生素 D、甲状旁腺素、降钙素、雌性激素、甲状腺素、糖皮质激素、生长激素、雄性激素等。

（6）脂肪与蛋白：高蛋白饮食抑制钙吸收，过多的脂肪膳食又由于脂肪的水解消化，产生的脂肪酸与钙结合成脂肪酸皂钙沉淀而阻碍吸收。

（7）其他：钠、钾、氟、镁等元素，中草药和抗生素，抗癫痫药和利尿剂及过量的维生素 D 治疗可能阻碍钙吸收。恶性肿瘤、肝病和肾脏疾患影响到正常功能的程度均会影响到钙的吸收与代谢。

研究证实，食物中钙的吸收率随龄下降（与年龄成反比），婴儿大于50%；儿童 40% 左右；成年人 20% 左右；40 岁以后，钙的吸收率直线下降，不论其营养状况如何，平均每10年减少5%～10%。

以此为依据，成年人，尤其是老年人应重视补钙。婴儿及儿童应重视钙的自然摄入和适当补钙。但从物质代谢平衡角度，补钙应该在"完全膳食"的基础上，针对不同人群的生理特点分别进行。

荨麻疹

荨麻疹俗称风团、风疹团、风疙瘩、风疹块，是一种常见的皮肤病。由各种因素致使皮肤粘膜血管发生暂时性炎性充血与大量液体渗出，造成局部水肿性的损害；有剧痒，可有发烧、腹痛、腹泻或其他全身症状；可分为急性荨麻疹、慢性荨麻疹、血管神经性水肿与丘疹状荨麻疹等。

▌▌▌ 人体中的常量元素：磷

正常人体中含磷量750～1130克，居体内各组成元素的第六位。常见的氧化形式有 −3、+3 和 +5 价，其中对生命有实际意义的是 +5 价。

磷是构成人体骨骼和牙齿的主要成分。骨骼和牙齿中的磷占人体总磷量的85%。身体内90%的磷是以磷酸根（PO_4^{3-}）的形式存在。牙釉质的主要成分是羟基磷灰石 $Ca_{10}(OH)_2(PO_4)_6$ 和少量氟磷灰石 $Ca_{10}F_2(PO_4)_6$、氯磷灰石 $Ca_{10}Cl_2(PO_4)_6$ 等。羟基磷灰石是不溶性物质。当糖吸附在牙齿上并且发酵时，产生的 H^+ 和 OH^- 结合生成 H_2O 及 PO_4^{3-}，就会使羟基磷灰石溶解，使牙齿受到腐蚀。如果用氟化物取代羟基磷灰石中的 OH^-，生成的氟磷灰石能抗酸腐蚀，有助于保护牙齿。磷也是构成人体组织中细胞的重要成分，它和蛋白质结合成磷蛋白，是构成细胞核的成分。此外，磷酸盐在维持机体酸碱平衡上有缓冲作用。成年人每天摄取800 ～ 1200毫克磷就能满足人体的需要。当人体中缺磷时，就会影响人体对钙的吸收，就会患软骨病和佝偻症等。因此，必须注意摄取含磷的食物。成年人膳食中钙与磷的比例以 1.5∶1.1 为宜。初生儿体内钙少，钙与磷的比例可接近5∶1。

磷摄入或吸收不足可以出现低磷血症，引起红细胞、白细胞、血小板的异常，导致软骨病；因疾病或过多地摄入磷，将导致高磷血症，使血液中血钙降低导致骨质疏松。

如果摄取过量的磷，会破坏矿物质的平衡和造成缺钙。因为磷几乎存在于所有的天然食物中，在日常饮食中就摄取了丰富的磷，不必再专门补充。特别是40岁以上的人，由于肾脏不再帮助排出多余的磷，因而会导致缺钙。为此，应该减少食肉量，多喝牛奶，多吃蔬菜。

一般国家对磷的供给量都无明确规定。因1岁以下的婴儿只要能按正常要求喂养，钙能满足需要，磷必然也能满足需要；1岁以上的幼儿以至成人，由于所吃食物种类广泛，磷的来源不成问题，故实际上并无规定磷供给量的必要。一般说来，如果膳食中钙和蛋白质含量充足，则所得到的磷也能满足需要。

食用精谷类导致缺磷

美国对磷的供给量有一定的规定，其原则是出生至1岁的婴儿，按钙/磷比值为1.5∶1的量供给磷；1岁以上，则按1∶1的量供给磷。

人类的食物中有很丰富的磷，几乎所有的食物都含磷，特别是谷类和含蛋白质丰富的食物。常用的含磷食品主要有豆类、花生、鱼类、肉类、核桃、蛋黄等。在人类所食用的食物中，无论动物性食物或植物性食物都主要是其细胞，而细胞都含有丰富的磷，故人类营养性的磷缺乏是少见的。但由于精加工谷类食品的增加，人们也在面临着磷缺乏的危险。

■■ 人体中的常量元素：镁

人类开始对镁的生理作用的研究，是从20世纪70年代末80年代初开始的。而对人体镁缺乏症，直到最近几年才引起注意。1995年在美国举行的一次营养学会议上，专家们估计，美国人患镁缺乏症的人数占总人数的 20% 以上，个别地区竟达 80% 以上，这个数字实在令人震惊！

镁在人体中的作用

成年人体内含镁量为 20 ~ 30 克，70% 的镁以磷酸盐和碳酸盐的形式存在于骨骼和牙齿中，其余 25% 存在于软组织中。人体内到处都有以镁为催化剂的代谢系统，约有 100 个以上的重要代谢必须靠镁来进行，镁几乎参与人体所有的新陈代谢过程。在人体细胞内，镁是第二重要的阳离子（钾第一），其含量也次于钾。镁具有多种特殊的生理功能，它能激活体内多种酶，抑制神经异常兴奋性，维持核酸结构的稳定性，参与体内蛋白质的合成、肌肉收缩及体温调节。镁影响钾、钠、钙离子细胞内外移动的"通道"，并有维持生物膜电位的作用。

体内含镁量与几种常见病的关系

1. 脑血管病

最近，日本学者通过调查发现，饮食中，镁、钙的含量与脑动脉硬化发病率有关。科研结果显示，当血管平滑肌细胞内流入过多的钙时，会引起血管收缩，而镁能调解钙的流出、流入量，因此缺镁可引起脑动脉血管收缩。脑梗塞急性期病人脑脊液中镁的含量比健康人低，而静脉注射硫酸镁后，会引起脑血流量的增加。血中钙离子过多也会引起血管钙化，镁离子可抑制血管钙化，所以镁被称为天然钙拮抗剂。实验还证实，脑脊液和脑动脉壁中保持高浓度镁是血管痉挛的缓冲机制。

2. 高血压病

美国学者在研究高血压病因时发现：给患者服用胆碱（B 族维生素中的一种）一段时间后，患者的高血压病症，像头痛、头晕、耳鸣、心悸都消失了。根据生物化学的理论，胆碱可在体内合成，而实际合成中，仅有维生素 B_6 不行，必须有镁的帮助，维生素 B_6 才能形成 B_6PO_4 活动形态，在高血压患者中往往存在严重的缺镁情况。

3. 糖尿病

糖尿病是由于吃过多的动物性蛋白质及高热量物质所致。我们来看美国一位生化博士对糖尿病原因的叙述：当人体吸收的维生素 B_6 过少时，人体所吸收的色氨酸就不能被身体利用，它转化为一种有毒的黄尿酸。当黄尿酸在血中过多时，在 48 小时就会使胰脏受损，不能分泌胰岛素而发生糖尿病，同时血糖增高，不断由尿中排出。只要维生素 B_6 供应足够，黄尿酸就减少。镁可减少身体对维生素 B_6 的需要量，同时减少黄尿酸的产生。凡患糖尿病的人，血中的含镁量特别低，因此，糖尿病是维生素 B_6、镁这两种物质缺乏而引起的。

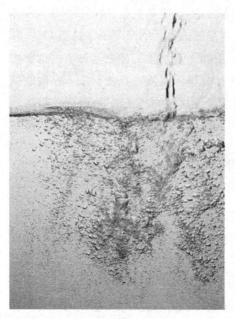

含有镁离子的水

除上述几种常见病外，缺镁还会引起蛋白质合成系统的停滞，激素分泌的减退，消化器官的机能异常，脑神经系统的障碍等。这些病症有许多是直接或间接和镁参与的代谢系统变异有关。

体内镁的来源及镁缺乏的原因：镁在人体中正常含量为 20～30 克，属常量元素。人对镁的每日需要量大约 300～700 毫克，其中约 40% 来自食物，食物中以绿色蔬菜含镁量最高，镁离子在肠壁吸收良好。约 60% 由含有镁离子的饮用水提供。

血管痉挛

血管痉挛是指动脉因外界因素或者自身的因素引起的在一段时间内的异常收缩状态。脑血管痉挛患者会有反复头痛、头晕、记忆力下降、情绪失调、

睡眠障碍等症状，应注意合理膳食、适量运动、戒烟限酒和保持心理平衡。

人体中的常量元素：钾

　　氯化钠、氯化钾溶于水中产生钠离子、钾离子和氯离子，它们的重要作用是控制细胞、组织液和血液内的电解质平衡，这种平衡对保持体液的正常流通和控制体内的酸碱平衡是必要的。氯是胃液中胃酸的成分，胃酸主要是盐酸组成，所以氯是重要的生命必需元素。

　　尽管钾在人体内占总矿物元素含量的5%，仅次于钙和磷，但也许是因为食物中都含有充足的钾而不易引起缺乏，以至于人们未能认识到钾对于机体健康的重要性。人体内钾70%存在于肌肉，10%在皮肤，其余在红细胞、骨髓和内脏中。

　　钾的生理功能：钾作为人体的一种常量元素，在维持细胞内的渗透压和维持体液酸碱性平衡，维持机体神经组织、肌肉组织的正常生理功能以及在细胞内糖和蛋白质代谢等方面具有重要的意义，机体中大量的生物学过程都不同程度地受到血浆钾的浓度影响。值得注意的是，钾的大部分生理功能都是在与钠离子的协同作用中表现出来的，因此，维持体内钾、钠离子的浓度平衡对生命活动是十分重要的。

　　钾的供给量与来源：一般成人每天摄取2～2.5克的钾是比较合适的。钾广泛存在于各种动植物食物中，肉类、蔬菜以及水果都是钾的良好食物源，尤其是大豆、花生仁、虾米中更含有丰富的钾，马铃薯、香蕉、番茄、橙子以及肉类、鱼类都含有较多的钾。

虾中含有丰富的钾

　　在人体内钠离子、钾离子和氯离子三种离子都应保持平衡，任何一种离子不平衡，都会对身体产生影响。例如运动员在激烈的运动过程中大量出汗，汗水中除了水分外，还含有 Na^+、K^+ 和 Cl^- 等离子，因此，出汗太多，使体内 Na^+、K^+ 和 Cl^- 等离子浓度大为降低，促使肌肉和神经受到影响，导致运动员出现恶心、呕吐，严重的出现衰竭和肌肉痉挛。所以运动员在比赛前后要注意补充盐分，炼钢工人或高温工作者的饮料中要加入适量的食盐。人体内缺钠会感到头晕、乏力，长期缺钠易患心脏病，并可导致低钠综合征。但人体内钠含量高了也会危害健康，科学界已基本认定食盐过量与高血压有一定的关系，有报道说，人体随食盐摄取量的增加，骨癌、食道癌、膀胱癌的发病率也增高。因此，对于高血压患者，世界卫生组织建议的含盐摄入标准是每天不超过 6 克。

不可缺少的微量元素

在人体中含量低于 0.01% 的元素称为微量元素。目前已经确定的微量元素有 16 种，它们是：锌（Zn）、铜（Cu）、钴（Co）、铬（Cr）、锰（Mn）、铁（Fe）、砷（As）、硼（B）、硒（Se）、镍（Ni）、锡（Sn）、硅（Si）、氟（F）、钒（V）、钼（Mo）。

近年来，研究发现长寿老人体内存在着一个优越的微量元素谱，其中 Fe、I、Mn、Zn、Cr、Co、Cu、Se 等格外引人注目。在这几种微量元素中，铁在造血，碘在防治甲状腺肿大方面的作用已为人们熟知。

锰 是人体内许多重要酶的辅助因子，这些酶具有消除导致细胞老化的氧化物的作用，人体缺锰会使机体的抗氧化能力降低，从而加速机体的衰老。我国著名的长寿之乡——广西巴马县，那里的长寿老人头发中锰的含量就高于非长寿地区老人。

锌 也是许多酶的组成成分，在组织呼吸、蛋白质的合成、核酸代谢中起重要作用。锌对皮肤、骨骼的正常发育是必需的，锌能促使脑垂体分泌出性腺激素，从而使性腺激素发育成熟，功能处于正常的稳定状态。动物实验表明，衰老与性腺有关。因此，锌能防止人体衰老，同时还具有预防高血压、糖尿病、心脏病、肝病恶化的功能。人体慢性缺锌会引起食欲缺乏、味觉嗅觉迟钝、伤口痊愈率降低、儿童生长发育受阻、老年人会加重衰老等症状。

铬 有降低胆固醇的作用。凡是患有动脉粥样硬化病的人，其机体的细胞里无例外地缺乏铬元素。缺铬还会使胰岛功能下降，以致胰岛素分泌不足，使糖类代谢紊乱而患上糖尿病。

人体内的钴元素常以维生素 B_{12}（$C_{63}H_{90}N_{14}O_{14}PCo$）的形式存在。成人体内含钴元素总量约 1.5 毫克。人体缺乏维生素 B_{12} 时会导致患恶性贫血症。

铜 微量的铜元素在人体内参与造血过程，催化血红蛋白的合成。人体血液内如缺少微量铜，即使铁元素不缺少，血红蛋白仍难形成，也会导致贫血。所以，缺铁性贫血病人适当多吃些含铜丰富的食物，可以促进铁的吸收。此外，骨骼中的微量铜参与某些酶的合成，维持骨骼的正常生长发育，因此人体缺铜还可能导致骨质疏松、骨关节肿大等症。缺铜还会导致胆固醇升高，增加动脉粥样硬化的危险。小儿缺铜会导致发育不良。

人体中必需的微量元素大都可以通过膳食自给自足。这里将含上述几种元素较丰富的某些食品列于下：

锰：豆类、核桃、花生、绿叶蔬菜。

锌：带鱼、墨鱼、紫菜等及瘦肉、糙米、豆类、白菜、萝卜。

铬：瘦肉、动物肝、黄豆、新鲜蔬菜、蜂蜜、红糖。

钴：动物肝、海鱼、谷类、大白菜。

铜：猪肝、鱼类、瘦猪肉、豆类、芝麻、坚果、叶菜类。

碘：海带、紫菜等。

核 桃

紫 菜

但是，如果因患了某种微量元素缺乏症，而需要服用药物治疗时，必须在医师的指导下服用，否则过量摄入会造成中毒或各种不良后果。例如：

锰：慢性中毒——神经衰弱和震颤麻痹症；

锌：头昏、呕吐、腹泻；

铬：有致癌的可能；

钴：红细胞增多症；

铜：类风湿性关节炎、肝硬化、精神失常、动作震颤；

碘：碘化合物过多型甲状腺肿大病，呆滞。

金属锗

金属锗是最早应用于高科技的支撑材料。近来不少学者在人参、枸杞子、甘草、蘑菇、当归、灵芝、茶叶、大蒜、葡萄干、绿豆、决明子、地黄等植物中发现有机锗的存在，并发现其具有强壮、滋补、抗癌作用。1967年合成了水溶性有机锗。我国已开始将其用于抗癌和低浓度饮料生产中。

有机锗的功能：①促进生理功能正常化，如对高血压病人有明显降压作用，但不会使血压低于正常水平，可促进身体生理、生化功能恢复正常；②可治疗肿瘤和促进身体产生抗癌因子，不仅疗效显著，而且无毒无副作用；③能提高人体免疫机能，防治多种疾病；④有机锗加入食品中，对抗衰老大有裨益。

研究表明，整个微量元素在人体生物化学过程中起着重要作用，它数量小、能量大，可称之为"生命的火花"。微量元素在人体中的生理功能有以下方面：

（1）微量元素是构成金属酶和酶的活化剂。酶是一种大而复杂的蛋白质，它的作用在于强化生化作用。几千种已知的酶中大多数含有1个或/及几个金属原子，一旦除去金属，这些酶就会失去活性。

（2）微量元素是激素和维生素的活性成分。如果一些激素和维生素没有微量元素参与，也就失去了作用，甚至不能合成。若没有碘，甲状腺素就无法合成；铬可激活胰岛素；钴是合成维生素 B_{12} 的主要成分。

（3）微量元素可协助常量元素的输送。比如铁是血红素的中心离子，构成血红蛋白，在体内能把氧气带到每一个细胞中去。在细胞中，O_2 被 H_2O 取代下来而供代谢需要。

（4）微量元素在体液内与钾、钠、钙、镁等离子协同，可起调节渗透压、离子平衡和体液酸碱度平衡的作用，以保持人体正常的生理功能。

由于微量元素以上 4 个方面的作用，它们与遗传有密切关系，特别是铬、锌、铜、锰等存在于携带遗传信息的核酸中，它们在维护核酸立体结构，维持核酸代谢等方面起着重要作用；它们和某些疾病发生密切关系，如一些地方食物中缺碘而发生缺碘性疾病，碘摄入多了也会发生高碘性疾病，氟高、氟低都会发生疾病，常见的是氟摄入多导致发生地方性氟病；它们与生长发育有着密切关系，最近研究证明，铜元素对骨骼发育、生长有重要作用，所以铜元素对人的身高起着重要作用。

第一个被发现的人体不可缺少的微量元素不是金属，而是一种非金属元素碘。缺碘最严重的危害是影响儿童的智力，甚至会使其终生难以得到改善。碘缺乏会导致地方性甲状腺肿（俗称大脖子病）。克服碘缺乏问题并不十分困难，最经济实用的方法就是烹调时使用碘盐（氯化钠中加碘酸钾）。另外可多吃含碘丰富的海带等。海带被认为是营养价值较高的天然食品，不仅含碘，可防治甲状腺肿大，

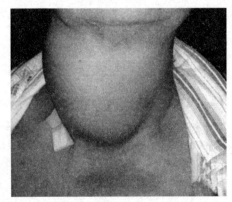

缺碘导致的大脖子病

促进智力发育，且蛋白质含量较高，具有 18 种氨基酸，此外，其中钙、磷、铁等矿物质及维生素的含量也较丰富。

在人体必需的微量元素之间，我们还应当注意元素间的相互协同与拮抗作用。人体中有 30 多种蛋白质、酶含有铜，现在已经知道铜的最重要生理功能是人血清中的铜蓝蛋白可以协同铁的功能。在铁的生理代谢过程中，

Fe（Ⅱ）氧化为 Fe（Ⅲ）时需要铜蓝蛋白的催化氧化，以利于 Fe（Ⅲ）与蛋白质结合成铁蛋白。因此如果体内有足够的铁而缺铜，铁的生理代谢造血机能也会发生障碍而导致贫血。

微量元素对人体必不可少，但是在人体内必须保持一种特殊的内稳态，一旦破坏稳态就会影响健康。至于某种元素对人体有益还是有害是相对的，关键在于适量。随着我国国民温饱问题的基本解决，人们在饮食上注重营养是必然的趋势，但要做到膳食平衡，饮食有节。现在的认识是，多样化的膳食既是获得各种适量基本营养素的最好方法，同时也是避免食品中有毒物质达到有害剂量的有效方法。

在人们必需的微量元素的研究中，有许多的营养强化保健品应运而生，甚至出现了全营养素。从健康的观点出发，人体内不可能所有的微量元素都缺乏。对我们身体中不缺少的元素盲目地乱补加，这些元素在体内蓄积到一定的浓度，就会产生过量的危害。比较安全的是食补，从各种含量丰富的食物中获取我们的所需，如果需要通过特殊制剂来补充微量元素，一定要缺什么补什么，盲目乱补全营养素是不科学的。随着科技的发展，人们对微量元素的重要性认识会日趋成熟。

与元素有关的疾病

元素对人类健康的影响反映了内、外环境之间的平衡关系。我国十几个省、区进行的医学地质调查表明，人体摄入某些元素过量或不足，均会出现各种地方性疾病。这些疾病几乎涉及人体机体全身，涉及心血管组织、脑血管系统、内分泌系统、生殖系统、消化系统、骨齿系统、神经系统、细胞组织、结缔组织和其他方面。

甲状腺肿大

甲状腺肿大分单纯性甲状腺肿大和散发性甲状腺肿大。单纯性甲状腺肿大俗称"粗脖子"、"大脖子"，是以缺碘为主的代偿性甲状腺肿大，青年女性多见，一般不伴有甲状腺功能异常；散发性甲状腺肿可有多种病因导致相似结果，即机体对甲状腺激素需求增加，或甲状腺激素生成障碍，人体处于相对或绝对的甲状腺激素不足状态，血清促甲状腺激素分泌增加，导致甲状腺组织增生肥大。

警惕有害微量元素

金属及其化合物对生物体内某些器官和系统中的某些生物分子有特殊的亲和力，这种作用与金属的侵入途径、浓度、溶解性、存在状态、代谢特点、金属本身的毒性、生物体的种类及其一般健康状况等因素密切相关。可见，金属毒性机制是十分复杂的问题。一般来说，下列任何一种机制都能引起金属毒性。

（1）阻断了生物分子表现活性所必需的功能基。例如，Hg（Ⅱ）、Cd（Ⅱ）离子与酶中半胱氨酸残基的—SH 基结合。半胱氨酸残基的—SH 基是许多酶的催化活性部位，当结合重金属离子后，就抑制了酶的催化活性。

（2）置换了生物分子中的必需金属离子。例如，Be（Ⅱ）可以取代 Mg（Ⅱ）——激活性酶中的 Mg（Ⅱ），由于 Be（Ⅱ）与酶结合的强度比 Mg（Ⅱ）大，因而它会阻断酶的活性。

（3）改变生物分子构象或高级结构。生物分子所具有的特定构象，赋予生物分子特定的生物功能，金属离子能改变一些生物大分子如蛋白质、核酸和生物膜的构象。如多核苷酸负责贮存和传递信息，一旦发生变化，可能会引起严重后果，如致癌和先天性畸形。

镉（Cd）元素

镉是联合国粮农组织（FAO）和世界卫生组织（WHO）列为最优先研究的食品中的严重污染元素，它不是人体必需的元素。新生儿体内并不含镉，但随着年龄的增长，进入人体的镉可以逐渐蓄积，50 岁左右的人体内镉含量可达 20 ~ 30 毫克。镉主要通过呼吸道和消化道进入人体，镉在人体的半衰期为 6 ~ 18 年。存在于环境中的镉及其化合物可经呼吸而由肺、经溶解而由皮肤、经饮食而由消化道等途径进入人体。

空气中仅含少量镉，其来源主要是煤炭和汽油燃烧、汽车排放尾气和生物富集等方面。有人估计，每天吸 20 支烟（含镉总量约 30 微克），可吸入人体的镉约为 12 微克。

时下有一些少男少女将文身彩贴（绘有彩色图案、花卉、小动物等的黏纸）黏在前胸、手腕、手臂、肚脐等部位的裸露肌肤上，实在是一种有碍健康的美丽，因为硫化镉和硒化镉是制作这类高级涂料和绘画颜料的两种镉化合物，前者呈亮黄色，被称为锡黄；硒化镉因生产工艺不同而其产品呈黄至亮红色。这类颜料（有些还有汞、铅的化合物）中的这些镉化合物会引起皮肤过敏，而且在夏天大量汗水浸润下，能经皮肤渗入人体。

通过饮食进入人体中的镉，一方面来自饮用水和食品本身的污染，另一方面也来自那些具有带色图案的玻璃、搪瓷食具、冰箱镀镉的冰槽及塑料制餐具等。在存放酸性食物和饮料时，这些器件中所含的镉化物就很容易溶解出来，在进食时进入人体。美国和法国在 1947 年和 1946 年各自报道过数百起镉中毒案例，都是由此引起的。

在可能混于饮食内的各种金属污染物中，镉大概是危害性最大的一种。不仅因为其具有高毒性，也因为它在食品中分布广，生物富集率高。如被严重污染的大米其含镉量可高达 125 毫克/千克。有些鱼类的含镉量比海水浓度高几千倍。

镉进入人体与蛋白质分子中的疏基相结合。镉对磷有很强的亲和力，进入人体的镉能将骨质磷酸钙中的钙置换出来，而引起骨质疏松、软化、发生变形和骨折。在一定条件下镉可以取代锌，从而干扰某些含锌酶的功能，使多种酶受到抑制，破坏正常生化反应，干扰人体正常的代谢功能，使人体体重减少。同时，进入人体中的镉，可与金属硫蛋白结合，再经血液输送到肾脏，当它在肾中积累时，会损坏肾小管，使肾功能出现障碍，从而影响维生素 D 的活性，导致骨骼生长代谢受阻，使骨骼软化、骨骼畸形、骨折等引发骨骼的各种病变，可引起骨软化症或"痛痛病"（背下部和腿部剧烈疼痛）。骨软化症患者由于骨胶原的正常代谢受到干扰，形成了不致密和不成熟的骨胶原。特别是妇女，由于妊娠、分娩、授乳而引起钙不足等，使肠道对镉的吸收率增高，易引起镉中毒。镉中毒的典型病症是肾功能受破坏，肾小管对低分子蛋白再吸收功能发生障碍，糖、蛋白质代谢紊乱，尿蛋白、尿糖增多，引发糖尿病。镉进入呼吸道可引起肺炎、肺气肿。镉进入消化系统则可引起胃肠炎。镉中毒者常伴有贫血症。镉中毒易造成流产、新生儿残废和死亡。镉中毒可能还诱发骨癌、直肠癌、食管癌和胃癌。

进入人体内的镉仅少量被吸收（如经食物摄入的镉约6%被吸收），其余部分随粪便排出。部分被吸收于血液中的镉与血浆蛋白结合，随血液循环选择性地储存于肾脏和肝脏，其次为脾、胰腺、甲状腺、肾上腺和睾丸。吸收后的部分镉主要经肾由尿液排出，少量随唾液、乳汁排出。

钙可以拮抗镉，高钙食物会抑制消化道对镉的吸收，维生素 D 也会影响镉的吸收。

铅（Pb）元素

铅是最为常见的有害微量元素，人体含铅77克左右，联合国粮农组织和世界卫生组织提出每人每日允许摄入量约为420微克。

存在于环境中的铅及其化合物可经呼吸而由肺、经溶解而由皮肤、经饮食而由消化道进入人体，还可由母体胎盘进入胎儿体内。

室外空气含铅的80%来源于汽车尾气。目前，世界各国正在相继推广使用无铅汽油，但为了抑制汽车中气门和气门导管磨损，某些"无铅汽油"，仍然含有少量铅化合物。

吃烛光晚餐、点生日蜡烛已是一种现代生活时尚，通常慢燃的、能闪闪发光的烛心中含有铅化合物，燃后释入室内空气。此外，用打火机点烟时，也会由燃烧着的汽油中释出铅，很容易随香烟烟气吸入体内。

颜料、油漆、染料中常含有铅的化合物，可经触摸等方式经皮肤渗透而进入人体；儿童连环画、糖果纸、塑料袋和玩具上的彩色油墨也都可能成为儿童体内多量铅的来源。在某些化妆品中含有铅白（碱式碳酸铅），长时间使用也会有碍健康。饮食是环境中多量铅进入人体的"通途"。食品中超常含量的铅常发生于这样几种场合：①野禽受铅弹猎杀后，其肉中含铅未被剔除干净；②我国传统食品松花蛋（皮蛋），由于在加工过程中使用了黄丹粉（PbO）而有较高铅含量；③含铅成分的焊料用于焊接食品罐头缝口时，罐头食品中含铅量较高。

进入人体中的铅主要经消化道、呼吸道吸收后转入血液，与红细胞结合

蜡烛燃烧释放对人有害的物质

后再传输到全身和被分配到体内各组织器官。人体内约90%的铅以不溶性磷酸铅形态蓄积在骨骼之中，其他则存留于肝、肾、肌肉等部位。有机的铅化合物（如四乙基铅）则趋于脑组织中富集。在老年骨质疏松或缺钙的人体中摄入多量钙制剂时，贮存于骨中的铅可能多量释放后转入血液。

铅对人体的不良影响与它对酶的抑制作用有关。机体中过量的铅可与酶结构中的—SH基团和—SCH_3基团作用，并与硫紧密结合。Pb（Ⅱ）可能抑制乙酰胆碱酯酶、碱性磷酸酶、三磷腺苷酶、碳脱水酶和细胞色素氧化酶的活性，扰乱了机体正常发育中所必需的生化反应和生理活动。

人体对铅中毒耐受性差别很大，多量的毒理系数通过动物试验得出。有关人体中毒的定量数据还相当缺乏，而且受毒后症状也各不相同。但总的说来，铅中毒的主要症状为：

（1）急性中毒——金属味、腹痛、呕吐、腹泻、少尿、昏睡。

（2）慢性中毒。

①初期——食欲缺乏、体重减轻、呕吐、疲乏、牙龈基部出现黑色铅线、贫血；

②中期——呕吐、四肢和关节钝痛、膜部绞痛、指和手腕麻痹；

③重症期——频繁呕吐、运动失调、昏迷、脑神经麻痹、痉挛。

以上这些症状主要涉及人体4个组织系统：肠胃、肾脏、血液和神经。

人体摄入过量铅，会引起中枢神经系统损伤，出现疲惫、头痛、痉挛、精神障碍等。过量铅可损害骨髓造血系统，引起贫血，主要是过量铅干扰血红蛋白代谢所造成的。过量铅作用于心血管系统时引起动脉硬化、心肌损害。胃肠铅中毒则表现为胃肠黏膜出血、肠管痉挛。长期低浓度的接触（如长期食用含铅较高的食物或环境污染）可引起慢性中毒，其症状有食欲缺乏、口中有金属味、失眠、头痛、头昏、腹痛和贫血，其中贫血是铅中毒的早期特征。除此之外，铅中毒还可以引起肾病、高血压、脑水肿等。特别需要指出的是铅对儿童的危害，儿童由于代谢和排泄功能不完善，血脑屏障成熟较晚，所以对铅有特殊的易感性，低浓度的铅即可导致儿童生长迟缓、智力降低。儿童体内对铅的吸收率比成人高出 4 倍以上，且体内缺铁、缺钙的儿童其摄入和吸收铅的速率更快。儿童铅中毒时常会引起脑病综合征，具有呕吐、嗜睡、昏迷、运动失调、活动过度等神经病学症状，重者失明、失聪，乃至死亡。

定量检测尿中含铅近于 0.1 毫克/升，或粪便含铅近于 1 毫克/日，就应疑是铅中毒病者，随即提高警惕，追查铅毒来源并脱离接触。在饮食中还可多吃一些大蒜，因为大蒜中含元素硒量较多，对铅的毒性有拮抗作用。

汞（Hg）元素

汞是最有害的微量元素之一。存在于环境中的汞及其化合物可经呼吸由肺、经溶解而由皮肤、经口进入消化道等途径进入人体，还可由母体胎盘、乳汁进入胎儿、婴儿体内。汞离子与细胞膜中含巯基的蛋白质有特殊的亲和力，从而能直接损害这类蛋白质和酶。汞离子与某些蛋白质蓄积于人体内，特别是肾和肝中，因此，肾功能障碍是汞中毒的首要标志。除了无机汞，自然界中因环境污染而产生有机汞，以甲基汞为多，甲基汞能使

汞进入人体会导致神经系统中毒

脑蛋白质合成活性减低，并沉积于脑组织中，从而导致神经系统中毒。

人类除了职业性接触汞外，在使用含汞药、防毒剂、杀菌剂时亦有汞中毒机会。进入人体的大多数汞还是来源于食品。被污染水体中的汞有可能通过以下的水生食物链进入人体：水中溶解态或颗粒态汞→细菌、浮游生物→

小鱼→大鱼→人；汞还可由陆生食物链进入人体，含汞农药→植物根、叶、果实→鸟或啮齿类动物（如野兔）→人。除食物之外，某些镇惊安神或祛痛生机的中医药物，如朱砂（HgS）、轻粉（Hg_2Cl_2）、升汞（HgO）、白降丹（$HgCl_2 + Hg_2Cl_2$）也可能在用药时经口摄入。对于以上药物都应慎用或不用，以免引毒入口。

进入机体的无机汞多蓄积在肾、肝、骨髓、脾等脏器；烷基汞多存在于肾、肝、肌肉中，又特别容易通过血脑屏障，以在脑内蓄积为其特征。

经呼吸道吸入人体的汞蒸气或经消化道摄入的汞盐都可首先进入血液，且与血红蛋白相结合。元素汞还可迅速在血液中被氧化为离子态。甲基汞在体内具有极大稳定性，初时，它也被牢固结合于红细胞中的血红蛋白；经数天后，其极大部分仍可能以原有的有机物形态存在于脑和肝中，仅小部分在肾脏中被代谢，转化为无机汞化合物。

汞的毒性因化学形态不同而有很大差别。经口摄入体内的元素汞基本上无毒，但通过呼吸道摄入的蒸气态汞是高毒的；单价汞的盐类溶解度很小，基本上也是无毒的，但人体组织和血红细胞能将单价汞氧化为具有高度毒性的二价汞；有机汞化合物通常都是高毒性的，汞的毒性以有机汞化合物毒性最大。有机汞中苯汞、甲氧基－乙基汞的毒性较轻，而烷基汞等是剧毒的，其中甲基汞的毒性大，危害最普遍。甲基汞与红细胞中血红素分子的巯基结合，生成稳定的巯基汞烷基汞，它们蓄积在细胞内和脑室中，滞留时间长，导致中枢神经和全身性中毒。

对于慢性中毒患者，治疗对策应以对症疗法为主，可使用大量三磷酸腺苷制剂、烟酸、维生素 B_1、维生素 B_{12}、维生素 E 等治疗，都有较好的排汞效果。

砷（As）元素

科学家们经过20多年的研究认为，适量的砷对人体是必需的，因此将砷列为生物可能必需元素。每人每天摄入的砷不得低于12微克。动物和人体对砷的需求量都很低，在一般条件下均能得到满足。含砷化合物的性能表现有其致毒的一面，砷化物的毒性早就为人所识，并且逐步深化，所以其应用范围和数量已日渐缩减。特别在医用方面，需采取更加慎重的态度。除严格限制用量，尽量避免内服外，外用也要慎重，尽可能取用其他替代药物。此外，孕妇或幼者皆不宜服用含砷药物。

在生活中含毒砷化物大多还是通过饮食进入人体：水的污染、使用含砷饲料添加剂或农药，都有可能使其中砷化物经家禽家畜的肉类和瓜果类悄然进入人体。

人体内砷可遍布于人体所有组织。骨骼和肌肉是体内砷的主要贮存组织。虽然其中浓度不一定很大，但这两种组织在人体总质量中的比率是最大的。正常人体中血液、头发和尿的含砷量分别约为 0.036 毫克/千克、0.460 毫

砷的化合物有剧毒

克/千克和小于 0.5 毫克/升。一般地说，含蛋白量多的组织较容易富集砷，而酸溶性的类脂质中含砷量较少。

单质砷几乎无毒性，有机砷化物的毒性也相对较低，很多无机砷化合物有很大毒性。常见剧毒的无机砷化物是三氧化二砷，中毒量为 10～50 毫克，致死量 60～200 毫克。在致死剂量下，重症者 1 小时内死亡，平均致死时间 12～24 小时。五价化合物比三价的三氧化二砷毒性低得多。人们喜食的水生、甲壳类食物（小虾、对虾）含有较高浓度五价砷化合物，只要不食之过量，对人体全然无害。但如在食后服用多量具有还原性的维生素 C，则在其作用下，进入体内的五价砷化物会转为低价砷化物而危害健康。进入人体的砷会在体内酶分子（例如丙酮酸脱水酶的分子）上与酶活性相关的巯基结合，由此抑制酶的活性。特别表现在细胞代谢和呼吸作用受阻，其药理作用是扩张和增加毛细血管的渗透性，并出现水肿。砷化氢的毒性表现与其他砷化物不同，其经呼吸被机体吸收后，可与血红蛋白结合成氧化砷，由此发生溶血作用，会引起结核膜出血、黄疸、溶血性贫血等病情，急性死亡率甚高。

中毒后的急救和治疗：对急性中毒者应先用温水或温水加药用炭洗胃，用药催吐或导泻。对度过危险期的病人或原先是慢性中毒者，可取以下治疗

方法：①使用二硫基丙醇（BAL）药物作驱砷治疗；②静脉注射10%硫代硫酸钠溶液；③对严重肾衰者透析；④对休克脱水者输液，并用升压药或类固醇类药物治疗。

砷一般从消化道和呼吸道进入人体，被胃肠道和肺脏吸收，并散布在身体内的组织和体液中。同时皮肤也可以吸收砷。砷进入人体内，蓄积在甲状腺、肾、肝、肺、骨骼、皮肤、指甲、头发等处，体内砷主要经过肾脏和肠道排出。

人体正常含砷量约为98毫克，每人每天允许最高摄入量是3毫克（FAO／WHO标准）。当过量砷进入人体时会产生一系列不良的生物化学反应。

砷的毒性是抑制了酶的活性，三价砷可与机体内酶蛋白的巯基反应，形成稳定的整合物，使酶失去活性，因此三价砷有较强的毒性，如砒霜、三氯化砷、亚砷酸等都是有剧毒的物质。三价砷的毒性要比五价砷的毒性大数十倍。当吸入五价砷离子后，只有在体内还原为三价砷离子，才能产生毒性作用。

砷和磷在化学性质上具有相似性，因此机体内的砷可干扰一些有磷参与的反应。当人体内蓄积过量的砷时，三价砷阻滞三磷腺苷的合成作用，从而引起人体乏力、疲惫；三价砷对酶系统正常作用的干扰，使细胞氧化功能受阻，呼吸障碍，代谢失调；危及神经细胞时，可导致神经系统功能紊乱，运动失调损害。过量砷也可能引发循环系统障碍，表现为血管损害，心脏功能受损害。过量的砷使染色体变异，可致畸、致突变。砷中毒有明显的皮肤损害，出现皮肤增厚、角化过度，有时可恶化为皮肤癌。

铍（Be）元素

铍是一个强烈的致癌元素。铍主要从呼吸道侵入肌体，进入体内的铍大部分与蛋白质结合，并贮存于肝和骨骼中。铍离子有拮抗镁离子的作用。因为铍和镁处于周期表的同一族中，Be^{2+}可以置换激活酶中的Mg^{2+}，从而影响激活酶的功能。铍易积蓄于细胞核中，并阻止胸腺嘧啶脱氧核苷进入

铍矿石

DNA，干扰 DNA 合成，这也许是铍致癌的原因之一。

铋（Bi）元素

铋及其化合物均有毒性，但一般人体很难吸收。由于铋在自然界中较为稀散，食物中含量极低。只在治疗梅毒、口腔炎、膀胱造影中使用过铋制剂有不少中毒报告，主要表现为肝、肾损伤，严重时可发生急性肝功能和肾衰竭。

锑（Sb）元素

所有的锑化合物对人体都有毒。锑及其化合物以蒸气形式或粉末状态经呼吸道吸入，也可由消化道吸收，药用锑剂可由静脉注射而进入体内。进入人体内的锑广泛分布于各组织器官中，以肝脏和甲状腺为多。血中锑在红细胞中的浓度比血清高数倍。锑对人体的损害可表现呼吸道、心脏、肝脏和血液，其中对呼吸道损害尤甚。锑对人体产生的毒性作用，是由于锑在体内可与巯基结合，抑制某些巯基酶如琥珀酸氧化酶的活性，与血清中硫氢基相结合，干扰了体内蛋白质及糖的代谢，损害肝脏、心脏及神经系统，还对黏膜产生刺激作用。进入体内的三价锑进入血液后，可存在于红细胞中，并分布于肝脏、甲状腺、骨骼、胰腺、肌肉、心脏及毛发中，而五价锑主要存在于血浆中，少量贮存在肝脏。由呼吸道吸收的难溶化合物，可在肺内沉积。

口服锑化合物（特别是三价锑）会引起急性中毒，发生流涎、口内有金属味、食欲减退、口渴、恶心、呕吐、腹痛、腹泻、大便带血、头疼、头晕、乏力、咳嗽及肢端感觉异常等症状；并使肝肿大，有压痛感。严重时发生闭尿、血尿、痉挛、心律失常、血压下降、虚脱等现象。据资料介绍，锑对人的致死量，成人为 97.2 毫克，儿童为 48.6 毫克；内服酒石酸锑钾剂量达 150 毫克时可致死；若按一般成人体重 70 千克计，则致死量为 2 毫克/千克。

最常见的是慢性锑中毒，长期接触低浓度的锑及锑化合物粉尘或烟尘后，会引起慢性中毒。其症状主要表现为乏力、头晕、失眠、食欲减退、恶心、腹痛、胃肠功能紊乱、胸闷、虚弱等一般症状，引起慢性结膜炎、慢性咽炎、慢性副鼻窦炎等黏膜刺激症状。

造　影

　　造影是一种常用的 X 线检查方法。对缺乏自然对比的结构或器官，可将密度高于或低于该结构或器官的物质引入器官内或其周围间隙，使之产生对比显影。

　　主要的造影剂包括：

　　经肾排泄的造影剂，多用于泌尿系和心血管的造影；

　　经肝胆排泄的造影剂，如横番酸等；

　　油脂类造影剂，如碘化油、碘苯酯等，主要用于支气管、子宫等管道、体腔等的造影；

　　固体造影剂，如硫酸钡，将其调成混悬液吞服或灌肠用于消化道造影。

生命之基：核酸与蛋白质

SHENGMING ZHIJI HESUAN YU DANBAIZHI

蛋白质和核酸是构成生命的主要物质和基本物质，都是天然高分子化合物，是生命物质的基础。蛋白质是生命活动的体现者或承担者，核酸是一切生物的遗传物质。

我们知道，生命活动的基本特征就是蛋白质的不断自我更新。蛋白质是一切活细胞的组织物质，也是酶、抗体和许多激素中的主要物质。核酸和蛋白质一样，是由许多核苷酸结合而成的高分子化合物。核苷酸是由磷酸、核糖及碱基组成的。核酸和蛋白质一样，也有单体排列顺序和空间关系问题，因此，核酸也有一级结构、二级结构和三级结构的问题。核酸是控制生物遗传和支配蛋白质合成的模型。可以说，没有核酸，就没有蛋白质。因此，核酸是最根本的生命的物质基础。

对核酸、蛋白质的研究是现代科学研究领域最吸引人的课题，也是破解生命密码的一条重要途径。

认识核酸

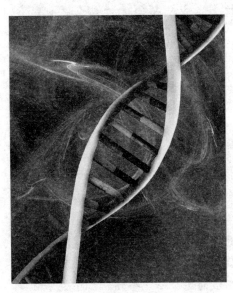

核 酸

核酸是由许多核苷酸聚合而成的生物大分子化合物，为生命的最基本物质之一。最早由米歇尔于1868年在脓细胞中发现和分离出来。核酸广泛存在于所有动物、植物细胞、微生物内，生物体内核酸常与蛋白质结合形成核蛋白。不同的核酸，其化学组成、核苷酸排列顺序等不同。根据化学组成不同，核酸可分为核糖核酸（简称RNA）和脱氧核糖核酸（简称DNA）。DNA是储存、复制和传递遗传信息的主要物质基础，RNA在蛋白质合成过程中起着重要作用，其中转移核糖核酸（简称tRNA）起着携带和转移活化氨基酸的作用；信使核糖核酸（简称mRNA）是合成蛋白质的模板；核糖体的核糖核酸（简称rRNA）是细胞合成蛋白质的主要场所。核酸不仅是基本的遗传物质，而且在蛋白质的生物合成上也占重要位置，因而在生长、遗传、变异等一系列重大生命现象中起着决定性的作用。

核酸在实践应用方面有极重要的作用，现已发现近2000种遗传性疾病都和DNA结构有关。如人类镰刀形红血细胞贫血症是由于患者的血红蛋白分子中一个氨基酸的遗传密码发生了改变，白化病患者则是DNA分子上缺乏产生促黑色素生成的酪氨酸酶的基因所致。肿瘤的发生、病毒的感染、射线对机体的作用等都与核酸有关。20世纪70年代以来兴起的遗传工程，使人们可用人工方法改组DNA，从而有可能创造出新型的生物品种。如应用遗传工程方法已能使大肠杆菌产生胰岛素、干扰素等珍贵的生化药物。

知识点

遗传工程

遗传工程也叫基因工程，是 20 世纪 70 年代以后兴起的一门新技术，其主要原理是用人工的方法，把生物的遗传物质，通常是脱氧核糖核酸（DNA）分离出来，在体外进行基因切割、连接、重组、转移和表达的技术。基因的转移已经不再限于同一类物种之间，动物、植物和微生物之间都可进行基因转移。

人类对核酸的研究

1868 年，F. Miescher 从脓细胞中提取到一种富含磷元素的酸性化合物，因存在于细胞核中而将它命名为"核质"（nuclein）。核酸（nucleic acids）这一名词于 Miescher 的发现 20 年后才被正式启用，当时已能提取不含蛋白质的核酸制品。早期的研究仅将核酸看成是细胞中的一般化学成分，没有人注意到它在生物体内有什么功能这样的重要问题。

核酸为什么是遗传物质？

1944 年，Avery 等为了寻找导致细菌转化的原因，他们发现从 S 型肺炎球菌中提取的 DNA 与 R 型肺炎球菌混合后，能使某些 R 型菌转化为 S 型菌，且转化率与 DNA 纯度呈正相关，若将 DNA 预先用 DNA 酶降解，转化就不发生。结论是：S 型菌的 DNA 将其遗传特性传给了 R 型菌，DNA 就是遗传物质。从此核酸是遗传物质的重要地位才被确立，人们把对遗传物质的注意力从蛋白质移到了核酸上。

核酸研究中划时代的工作是 Watson 和 Crick 于 1953 年创立的 DNA 双螺旋结构模型。模型的提出建立在对 DNA 下列 3 个方面认识的基础上：

（1）核酸化学研究中所获得的 DNA 化学组成及结构单元的知识，特别是 Chargaff 于 1950—1953 年发现的 DNA 化学组成的新事实；DNA 中 4 种碱基的比例关系为 A/T = G/C = 1。

（2）X 线衍射技术对 DNA 结晶的研究中所获得的一些原子结构的最新

参数。

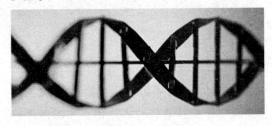

人类 DNA 双螺旋结构

（3）遗传学研究所积累的有关遗传信息的生物学属性的知识。

综合这三方面的知识所创立的 DNA 双螺旋结构模型，不仅阐明了 DNA 分子的结构特征，而且提出了 DNA 作为执行生物遗传功能的分子，从亲代到子代的 DNA 复制（replication）过程中，遗传信息的传递方式及高度保真性。其正确性于 1958 年被 Meselson 和 Stahl 的著名实验所证实。DNA 双螺旋结构模型的确立为遗传学进入分子水平奠定了基础，是现代分子生物学的里程碑。从此，核酸研究受到了前所未有的重视。

核酸化学的发展

核酸的发现已有 100 多年的历史，但人们对它真正有所认识不过近 60 年的事。远在 1868 年瑞士化学家米歇尔（1844—1895），首先从脓细胞分离出细胞核，用碱抽提再加入酸，得一种含氮和磷特别丰富的沉淀物质，当时曾叫它做核质。1872 年又从鲑鱼的精子细胞核中，发现了大量类似的酸性物质，随后在多种组织细胞中也发现了这类物质的存在。因为这类物质都是从细胞核中提取出来的，而且都具

米歇尔

有酸性，因此称为核酸。过了多年以后，才从动物组织和酵母细胞分离出含蛋白质的核酸。

20 世纪 20 年代，德国生理学家柯塞尔（1853—1927）和他的学生琼斯（1865—1935）、列文（1896—1940）的研究结果，才搞清楚核酸的化学成分及其最简单的基本结构。证实它由 4 种不同的碱基，即腺嘌呤（A）、鸟嘌呤

（G）、胸腺嘧啶（T）和胞嘧啶（C）及核糖、磷酸等组成。其最简单的单体结构是碱基－核糖－磷酸构成的核苷酸。1929 年又确定了核酸有 2 种：①脱氧核糖核酸（DNA），②核糖核酸（RNA）。核酸的分子量比较大，一般由几千到几十万个原子组成，分子量可达 11 万至几百万以上，是一种生物大分子。这种复杂的结构决定了它的特殊性质。1928 年生理学家格里菲斯，在研究肺炎球菌时发现肺炎双球菌有 2 种类型：①S 型双球菌，外包有荚膜，不能被白细胞吞噬，具有强烈毒性；②R 型双球菌，外无荚膜，容易被白细胞吞噬，没有毒性。格里菲斯取 R 型细菌少量，与大量已被高

柯塞尔

温杀死的有毒的 S 型细菌混在一起，注入小白鼠体内，照理应该没有问题。但是出乎意料，小白鼠全部死亡。检验它的血液，发现了许多 S 型活细菌。活的 S 型细菌是从哪里来的呢？格里菲斯反复分析认为一定有一种什么物质，能够从死细胞中进入活的细胞中，改变了活细胞的遗传性状，把它变成了有毒细菌。这种能转移的物质，格里菲斯把它叫做转化因子。细菌学家艾弗里（1877—1955）认为这一工作很有意义，立刻研究这种转化因子的化学成分。

在 1944 年得到研究的结果，证明了转化因子就是核酸（DNA），是 DNA 将 R 型肺炎双球细菌转化为 S 型双球细菌的信息载体。但是，这样重要的发现没有被当时的科学有所接受，主要原因是过去错误假说的影响。以前柯塞尔发现核酸时，文列等化学家曾错误地认为核酸是由 4 个含有不同碱基的核苷酸为基础的高分子化合物，其中 4 种碱基的含量为 1：1：1：1。在这个错误假说的影响下，对艾弗里的新发现提出了种种责难，怀疑他的实验是不严格的，很可能在做实验时带入了其他蛋白质，因而产生了与文列假说不符合的现象。艾弗里在大量舆论的压力下，也不敢坚持他的正确结论，也采取了模

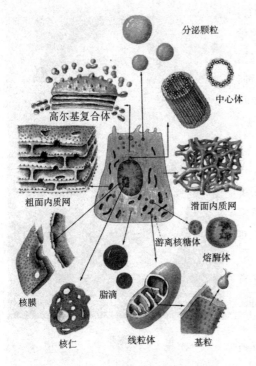

分泌颗粒

中心体

高尔基复合体

粗面内质网

滑面内质网

游离核糖体

熔酶体

核膜

脂滴

核仁

线粒体

基粒

RNA 与蛋白质的生命合成

棱两可的说法："可能不是核酸自有的性质，而是由于微量的、别的某些附着于核酸上的其他物质引起了遗传信息的作用。"后来，美国生理学家德尔布吕克（1906—1981）发现噬菌体比细菌还小，只有 DNA 和外壳蛋白，构造简单、繁殖快，是研究基因自我复制的最好材料。于是组成噬菌体研究小组，开始选用大肠杆菌和它的噬菌体研究基因复制的工作。1952 年小组成员赫希尔和蔡斯，用同位素标记法进行实验。他们的实验进一步证明了 DNA 就是遗传物质基础。差不多与此同时，还有人观察到凡是分化旺盛或生长迅速的组织，如胚胎组织等，其蛋白质的合成都很活跃，RNA 的含量也特别丰富，这表明 RNA 与蛋白质的生命合成之间存在着密切的关系。

由于核酸生物学功能的发展，进一步促进了核酸化学的发展。尤其是 20 世纪的 50 年代以来，用于核酸分析的各种先进技术的不断创造和使用，用于核酸的提取和分离方法的不断革新和完善，从而为研究核酸的结构和功能奠定了基础。对核酸分子中各个核苷酸之间的连接方式已有所认识，DNA 分子的双螺旋结构学说已经提出，对有关核酸的代谢、核酸在遗传中以及在蛋白质生物合成中的作用机理也都有了比较深入的认识。近年来，遗传工程学的突起，在揭示生命现象的本质，用人工方法改变生物的性状和品种，以及在人工合成生命等方面都显示了核酸历史性的广阔远景。

分子生物学

　　分子生物学是在分子水平上研究生命现象的科学。通过研究生物大分子（核酸、蛋白质）的结构、功能和生物合成等方面来阐明各种生命现象的本质。分子生物学的研究内容包括各种生命过程。比如光合作用、发育的分子机制、神经活动的机理、癌的发生等。

核酸的种类与分布

　　按其所含糖的种类不同，核酸又分为 2 大类：核糖核酸（RNA）和脱氧核糖核酸（DNA）。在真核细胞中，DNA 主要集中在细胞核内，占总量的 98% 以上。不同种生物的细胞核中 DNA 含量差异很大，但同种生物的体细胞核中的 DNA 含量是相同的，而性细胞仅为体细胞 DNA 含量的一半。此外，线粒体和叶绿体等细胞器中也均有各自的 DNA。DNA 和 RNA 都是由

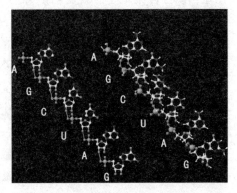

核糖核酸

单个核苷酸连接而形成的。RNA 平均长度大约含有 2000 个核苷酸，而人的 DNA 分子却很长，约为 3×10^9 个核苷酸组成。

　　DNA 是真核生物染色体的主要成分。染色体 DNA 分子中的脱氧核苷酸顺序（碱基顺序）是遗传信息的贮存形式，亦即遗传的最小功能单位——基因，就是 DNA 分子上具有遗传效应的特定核苷酸序列，其编码表达的产物是 RNA 或多肽链。DNA 通过复制把全套遗传信息传递给子代 DNA，并通过转录把某些遗传信息传递给 RNA。原核细胞没有明显的细胞核结构，DNA 存在于称为类核的结构区，也没有与之结合的染色质蛋白，每个原核细胞只有一个染色体，每个染色体含一个双链环状 DNA 分子。原核细胞染色体之外还存在能进

行自主复制的遗传单位，称为质粒。某些低等真核生物（如酵母）中也存在质粒。在 RNA 病毒中，RNA 携带遗传信息。因此，在少数的生物有机体中，RNA 也是 RNA 病毒中的遗传物质。

细胞内的 RNA 主要存在于细胞质中，约占 90%，少量存在于细胞核中。细胞中的 RNA 有 3 种：①含量最少的信使 RNA（mRNA），约占细胞总 RNA 的 5%，mRNA 在蛋白质生物合成中起着决定氨基酸顺序的模板作用；②含量最多的核糖体 RNA（rRNA），约占细胞总 RNA 的 80%，它与蛋白质结合构成核糖体，核糖体是合成蛋白质的场所；③相对分子质量最小的转移 RNA（tRNA），约占细胞总 RNA 的 10% ~ 15%，在蛋白质合成时起着携带活化氨基酸的作用。此外，叶绿体、线粒体中也有各自与细胞质不同的 mRNA、tRNA 和 rRNA。

最近 20 年研究发现，朊病毒是一类能引起绵羊瘙痒病、疯牛病等种疾病的蛋白质性传染粒子。就目前所知的无论是病毒，还是类病毒都含有核酸，而朊病毒不含有核酸。朊病毒的复制方式比较独特，它不通过核酸复制或反转录过程进行繁衍，而是以构象异常的蛋白质分子为引子，诱使正常的朊病毒蛋白分子发生构象异常变化。朊病毒蛋白是细胞中编码朊病毒蛋白基因的正常表达产物，其正常功能尚不完全清楚，只是有的学者发现，正常朊病毒蛋白功能丧失会引起突触丧失和神经元退化。正常朊病毒蛋白对蛋白质水解酶很敏感，学者把其代号定为 PrPc。一旦这种蛋白质分子的构象由 α 螺旋转变为 β 折叠式，那么它就变成了具有致病感染力的分子，其代号为 PrPsc。因此，所谓的朊病毒蛋白应该是指具有致病能力的 PrPsc 分子。

真核生物

真核生物是所有单细胞或多细胞的、其细胞具有细胞核的生物的总称，它包括所有动物、植物、真菌和其他具有由膜包裹着的复杂亚细胞结构的生物。

真核生物与原核生物的根本性区别是前者的细胞内含有细胞核，因此以真核来命名这一类细胞。许多真核细胞中还含有其他的细胞器，如线粒体、叶绿体、高尔基体等。

核酸的构成

核酸的化学组成

核酸是在科学家们研究细胞核时被发现的，也就是说，核酸是从细胞核里提取出来的一种酸性物质，所以称之为核酸。核酸有 2 大类，一种是脱氧核糖核酸，简称 DNA；一种是核糖核酸，简称 RNA。我们通常意义下的核酸，就是指 DNA，它在细胞里含量极少，如果要提出它，比沙里淘金还难。一个鸡蛋里 DNA 的含量占鸡蛋总量的 1/200000，换句话说，20 万个鸡蛋里的 DNA 的重量，只相当于一个鸡蛋，实在太少了。

在低等细胞，如支原体和细菌中，DNA 不和其他分子结合，而独立活动。但在动植物、真菌、酵母及高等藻类中，DNA 大部分存在于细胞核内的染色体上，它与蛋白质结合成核蛋白。核酸（DNA）是由成千甚至上百万个核苷酸组成。那么，我们可以打个不太恰当的比方：染色体像一座由许多房间组成的大楼，基因就像一个一个的房间，而核苷酸就像一块一块的砖。

现在，让我们来考察一下染色体这座大楼，考察一下每个房间的建筑材料的砖块——核苷酸。取下一块砖来粉碎，我们看到，这块砖是由磷酸、戊糖、有机碱 3 种不同原料构成的。它们三者是怎样组成核苷酸的呢？有机碱是一种含氮的环状分子，它和戊糖结合成碱基，又称核苷，核苷再与磷酸结合，就成了核苷酸了，这样造楼的一块砖就做好了。核苷酸的性质是由碱基决定的，组成 DNA 的碱基共有 4 种：腺嘌呤（A）、胸腺嘧啶（T）、胞嘧啶（C）、鸟嘌呤（G）。

最后，我们再来看看核苷酸是怎样砌"墙"，以及"墙"的形状是怎么样的。我们已知道，这个"墙"即是核酸 DNA。科学家告诉我们，DNA 的分子结构呈双螺旋结构，DNA 分子有 2 条核苷酸链，每条链由一个接一个的核苷酸组成，连接得非常稳，两条链并排盘绕成双螺旋，像一个拧成麻花状的梯子。磷酸和糖构成了梯子两边的骨干，碱基双双相对地排列着，形成了梯子骨干间的横干。

不过，你不能用它来上楼，因为它太窄了，这架梯子宽 20 埃（1 埃 = $1/10^8$米），连最小的人的一只脚都放不下。实验证明，嘌呤分子和嘧啶分子大小是不一样的，嘌呤大，嘧啶小。如果 2 个嘌呤分子相连，超过 20 埃，梯子就不够宽；如果 2 个嘧啶分子相连，又达不到梯子的宽度。因此，可以设想是一个嘌呤与一个嘧啶相连，构成了梯子间的横干。另外，虽然不同生物的核苷酸成分不同，但每种生物的 DNA 中，C 的含量一定与 G 相同，A 的含量一定与 T 相等，这样 C 与 G、A 与 T 相互配对时，才不致有谁多了而遭冷落。由于碱基实行这种互补配对，我们就可以在知道了一条链上的碱基序列后，而推知另一条链上的碱基序列。如一条链上碱基序列是 AGACTG，那另一条链上的碱基序列必定是 TCTGAC。碱基配对，这就是建造染色体这座大楼时采用的砌砖方法。

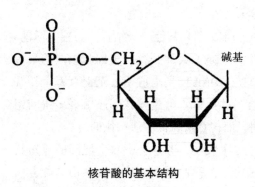

核苷酸的基本结构

核苷酸的化学组成

核苷酸是核酸的最基本的结构单位。采用不同的降解法（酶法，部分酸或碱水解法）可以将核酸降解成核苷酸，核苷酸还可以进一步分解成核苷和磷酸，核苷再进一步分解生成碱基和戊糖。碱基分为 2 大类：嘌呤碱与嘧啶碱。

碱基（嘌呤碱或嘧啶碱）、戊糖（核糖或脱氧核糖）和磷酸是核苷酸的基本组成成分，相当于"元件"；碱基与戊糖组成核苷。核苷再与磷酸组成核苷酸，并由许多核苷酸按特定的顺序连接成为核酸，所以核酸是一种多聚核苷酸。两类核酸（DNA 和 RNA）的组成成分中有相同的，也有不同的。现将两类核酸的基本化学组成列于下表中。

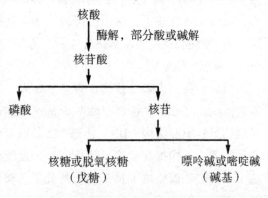

核苷酸的化学组成

DNA 和 RNA 中的各种核苷

碱基	核糖核苷 RNA	脱氧核糖核苷 DNA
腺嘌呤（A）	腺嘌呤核苷	腺嘌呤脱氧核苷
鸟嘌呤（G）	鸟嘌呤核苷	鸟嘌呤脱氧核苷
胞嘧啶（C）	胞嘧啶核苷	胞嘧啶脱氧核苷
胸腺嘧啶（T）		胸腺嘧啶脱氧核苷
尿嘧啶（U）	尿嘧啶核苷	

核酸与生命

被忘却的核酸

一般人都知道，生命是蛋白质存在的形式，蛋白质是生命的基础。在发现核酸前，这句话是对的。但当核酸被发现后，应该说最本质的生命物质是核酸，或是把上述的这句话更正为蛋白体是生命的基础。按照现代生物学的观点，蛋白体是包括核酸和蛋白质的生物大分子。

核酸在生命中为什么比蛋白质更重要呢？因为生命的重要性是能自我复制，而核酸就能够自我复制。蛋白质的复制是根据核酸所发出的指令，使氨基酸根据其指定的种类进行合成，然后再按指定的顺序排列成所需要复制的蛋白质。世界上各种有生命的物质都含有蛋白体，蛋白体中有核酸和蛋白质，至今还没有发现有蛋白质而没有核酸的生命。但在有生命的病毒研究中，却发现病毒以核酸为主体，蛋白质和脂肪以及脂蛋白等只不过充作其外壳，作为与外界环境的界限而已。当它钻入寄生细胞繁殖子代时，把外壳留在细胞外，只有核酸进入细胞内，并使细胞在核酸控制下为其合成子代的病毒。这种现象，美国科学家比喻为人和汽车的关系。即把核酸比为人，蛋白质比作汽车，人驾驶汽车到处跑，外表上看，人车一体是有生命运动的东西，而真正的生命是人，汽车只是由人制造的载人的外壳。近来科学家还发现了一种类病毒，是能繁殖子代的有生命物体，其中只有核酸而没蛋白质，可见核酸是真正的生命物质。

因此我国 1996 年最新出版的《人体生理学》改变了旧教科书中只提蛋白质是生命基础的缺陷，明确提出："蛋白质和核酸是一切生命活动的物质基础。"

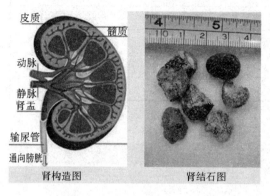

皮质
髓质
动脉
静脉
肾盂
输尿管
通向膀胱

肾构造图　　　　肾结石图

肾结石

然而，多少年来，人们在一味追求蛋白质、维生素、微量元素等营养时，却把最重要的角色——核酸忘却了，这不能不说是人类生命史上的一大遗憾。

没有核酸，就没有蛋白，也就没有生命。

然而遗憾的是，从目前的分析来看，人类无法从食物中直接摄取核酸；人体细胞内的核酸都是自己合成的。服用核酸对人体而言根本毫无营养价值；相反，有研究发现，过度摄入核酸会造成肾结石等疾病。

人造核酸与白血病

日本工业技术院产业技术融合领域研究所在出版的《自然》杂志上发表论文称，已开发出了治疗白血病的人造核酸。这种人造核酸就像一把剪刀，可发现引起白血病的遗传基因并将其剪除。科研小组的成员、东京大学研究生院教授多比良和诚根据动物实验结果认为，这种人造核酸将来有望成为治疗白血病的主要药物。

这次研究的对象是慢性骨髓性白血病（MCL），患者的异常遗传因子是由 2 个正常的遗传因子连接而成的，新开发的人造核酸可以发现这种变异遗传基因并将其切断。科学家过去也发现过能找到特定的遗传因子序列并将其切断的分子，但在切断特定遗传

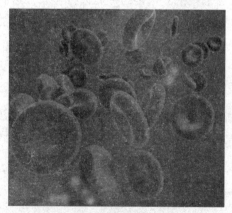

人造核酸可治疗白血病

因子序列的同时往往对正常细胞造成伤害。而新开发出的核酸只在发现异常遗传因子时才被激活，平时则潜伏不动。

科研小组用人体白血病细胞进行了动物实验。他们将可与人造核酸反应的细胞和不可与人造核酸反应的细胞分别注射到 8 只实验鼠的体内。移植后第 13 周时，不与人造核酸反应的细胞全部死亡，而与人造核酸反应的细胞全部存活，证明人造核酸在生物体内十分有效。

科研小组说，此人造核酸的临床应用尚有诸多问题要解决，将来很可能是把患者的骨髓细胞抽出来，经人造核酸处理后，再把正常细胞的骨髓输回患者体内。

白血病

白血病是造血组织的恶性疾病，又称"血癌"。其特点是骨髓及其他造血组织中有大量无核细胞无限制地增生，并进入外周血液，将正常血细胞的内核明显吸附，该病居年轻人恶性疾病中的首位。根据白血病细胞成熟的程度和白血病的自然病程，分为急性和慢性两大类。

认识蛋白质

蛋白质，这个词对许多人来说都不陌生。"高蛋白"几乎成了高营养的代名词。可是蛋白质在生物学上的重要性，倒不在于营养方面，而是因为它是生命功能的执行者。

20 世纪 60 年代初兴起的分子生物学，前期主要是开展对核酸的研究。如今，分子生物学的研究重点已在逐渐转移到蛋白质上来。因为核酸只是生物体这座大厦的图纸，而真正构筑起大厦并行使着各种功能的主要还是蛋白质。

蛋白质是一类含氮的生物高分子，它的基本组成单位是氨基酸。氨基酸上都有氨基和羧基 2 个基团，不同的氨基酸就靠这 2 个基团脱水缩合而连接起来。构成蛋白质的氨基酸共有 20 种，其中有 8 种是人体内无法合成的，需

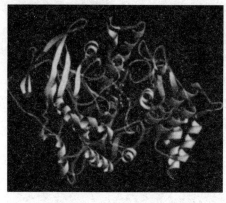

蛋白质是一类含氮的生物高分子

从食物中摄取，称为必需氨基酸。不同氨基酸的氨基和羧基脱水缩合而成一条氨基酸残基链，称为肽链；1条或几条肽链以某种方式组合成有生物活性的分子就是蛋白质。

人们把蛋白质的结构按其组成层次分为一级结构、二级结构、三级结构和四级结构。一级结构就是指肽链的氨基酸残基的顺序。肽链上的氨基酸并不是笔直地排在一起，而是具有各种折叠、盘绕方式。有的像弹簧一样螺旋上升，也有的呈折叠状，称为二级结构。在这个基础上肽链再进行蜷曲和折叠，形成特定构象，称为三级结构。有的蛋白质分子是由几个具有三级结构的分子再聚合而成的，这种结构就称为四级结构。

蛋白质的分类

蛋白质可以分为 2 大类：①简单蛋白质，它们的分子只由氨基酸组成；②结合蛋白质，这类蛋白质部分和非蛋白质部分组成，结构比较复杂。

简单蛋白质包括清蛋白、球蛋白、精蛋白等几类。临床常用的白蛋白、丙种球蛋白等都是简单蛋白质。

结合蛋白质有核蛋白、糖蛋白、脂蛋白、色蛋白等，许多种酶、膜蛋白等多种蛋白质均是结合蛋白质。细胞中的核糖体也是一种核蛋白。

蛋白质的生物学功能

蛋白质是生物体内一类生物大分子，具有各种重要的功能。

（1）构造人的身体：蛋白质是一切生命的物质基础，是肌体细胞的重要组成部分，是人体组织更新和修补的主要原料。人体的每个组织——毛发、皮肤、肌肉、骨骼、内脏、大脑、血液、神经、内分泌等系统都是由蛋白质组成，所以说饮食造就人本身。蛋白质对人的生长发育非常重要。

比如大脑发育的特点是一次性完成细胞增殖，人的大脑细胞的增长有 2

个高峰期。第一个是胎儿 3 个月的时候；第二个是出生后到 1 岁，特别是 0~6 个月的婴儿是大脑细胞猛烈增长的时期。到 1 岁大脑细胞增殖基本完成，其数量已达成人的 9/10。所以 0~1 岁儿童对蛋白质的摄入要求很有特色，对儿童的智力发展尤为重要。

（2）修补人体组织：人的身体由百兆亿个细胞组成。细胞可以说是生命的最小单位，它们处于永不停息的衰老、死亡、新生的新陈代谢过程中。例如年轻人的表皮 28 天更新一次，而胃黏膜 2~3 天就要全部更新。所以一个人如果蛋白质的摄入、吸收、利用都很好，那么皮肤就是光泽而又有弹性的。反之，人则经常处于亚健康状态，组织受损后，包括外伤，不能得到及时和高质量的修补，便会加速机体衰退。

（3）维持肌体正常的新陈代谢和各类物质在体内的输送。载体蛋白对维持人体的正常生命活动是至关重要的。可以在体内运载各种物质。比如血红蛋白输送氧（红细胞更新速率 250 万/秒）、脂蛋白输送脂肪、细胞膜上的受体还可转运蛋白等。

（4）白蛋白：维持机体内的渗透压的平衡及体液平衡。

（5）维持体液的酸碱平衡。

（6）免疫细胞和免疫蛋白：包括白细胞、淋巴细胞、巨噬细胞、抗体（免疫球蛋白）、补体、干扰素等。7 天更新一次。当蛋白质充足时，这个部队就很强。在需要时，数小时内可以增加 100 倍。

（7）构成人体必需的催化和调节功能的各种酶。我们身体有数千种酶，每一种只能参与一种生化反应。人体细胞里每分钟要进行 100 多次生化反应。酶有促进食物的消化、吸收、利用的作用。相应的酶充足，反应就会顺利、快捷地进行，我们就会精力充沛，不易生病。否则，反应就变慢或者被阻断。

（8）激素的主要原料。具有调节体内各器官的生理活性。胰岛素是由 51 个氨基酸分子合成。生长素是由 191 个氨基酸分子合成。

（9）构成神经递质乙酰胆碱、五羟色氨等，维持神经系统的正常功能——味觉、视觉和记忆。

（10）胶原蛋白：占身体蛋白质的 1/3，生成结缔组织，构成身体骨架，如骨骼、血管、韧带等，决定了皮肤的弹性，保护大脑（在大脑脑细胞中，很大一部分是胶原细胞，并且形成血脑屏障保护大脑）。

（11）提供热能。

蛋白质的元素组成

目前，许多蛋白质已经获得结晶的纯品。根据蛋白质的元素分析，发现它们的元素组成与糖和脂质不同，除含有碳、氢、氧外，还有氮和少量的硫。有些蛋白质还含有其他一些元素，主要包括磷、铁、铜、碘、锌和钼等。这些元素在蛋白质中的组成百分比见下表。

蛋白质中主要元素的百分比

元素种类	百分比	元素种类	百分比
碳	50%	氧	23%
氮	16%	氢	7%
硫	0～3%	其他	微量

蛋白质与生命

蛋白质是生命活动的重要物质基础，被誉为"生命的基础"。有生命的地方，就有蛋白质。恩格斯曾深刻论述了蛋白质与生命现象之间不可分割的关系。他说："生命是蛋白质的存在方式"，"无论是什么地方，只要我们遇到生命，我们就会发现生命是和某种蛋白质相联系的，而且无论在什么地方，只要我们遇到不处于解体过程中的蛋白质，我们也无例外地发现生命现象。"

既然蛋白质与生命现象之间有着如此深切的联系，那么，只要深入研究蛋白质，就可以回答：生命究竟是怎么回事。胰岛素正是被人们选择作为突破口的一种蛋白质。原来，在人和动物的胰脏里，存在着一种小岛似的细胞，它分泌出一种激素，即为胰岛素。这种激素很重要，它能促进体内碳水化合物，如糖类、淀粉等的新陈代谢，并控制血液里糖的含量。人体内如缺少胰岛素，就会得糖尿病。在医学上，胰岛素是治疗糖尿病的特效药。

要想合成蛋白质就必须要知道蛋白质的结构。胰岛素是人们最先知道分子结构的蛋白质，早在19世纪初，人们就已认识到，氨基酸是组成蛋白质的基本单位，蛋白质分子是由许多氨基酸以肽键结合成的长链高分子化合物。

英国科学家桑格及其共同工作者于 1945 年开始研究胰岛素的结构，经过 10 年的努力，终于测出了牛胰岛素中全部氨基酸的排列顺序。

牛胰岛素和人胰岛素的分子结构极为相似，都是由 51 个氨基酸组成的，两者前 50 个氨基酸的成分、顺序都相同，只是最后 1 个氨基酸不同。牛胰岛素的分子是由 2 条分子链组成的：一条叫 A 链，一条叫 B 链。A 链由 21 个氨基酸组成，B 链由 30 个氨基酸组成。两条链之间，由 2 对硫原子连在一起，A 链中还有自己的 1 对硫原子。1 个牛胰岛素分子，总共含有 777 个原子！然而，它却是现在已知蛋白质中最小的一个。

1958 年底，中国科学院生物化学研究所首先进行了胰岛素的拆合工作，即将胰岛素中 3 个硫硫键拆开后，再通过硫硫键的结合，使之重新成为天然胰岛素活力相同的分子。天然胰岛素的拆合成功，把人工合成胰岛素的工作简化到分别合成 21 肽和 30 肽。即使这样，人工合成胰岛素仍是相当艰难的。因此，中国科学院生化研究所的科研人员前后花费了 6 年多的时间，在 1965 年 9 月 17 日，才终于向世界骄傲地宣布：世界上首批用人工方法合成的结晶牛胰岛素诞生了！这点雪白的结晶体，其结晶形状与天然胰岛素相同，生物活力与天然胰岛素相等。

1971 年，我国科学工作者又分别完成了分辨率为 2.5 埃和 1.8 埃的胰岛素晶体立体结构的测定工作。近年来，又抽提、结晶了鸡、乌凤蛇和鲢鱼的胰岛素，另外还合成了 29 肽的结晶高血糖素，在合成蛋白质方面取得了一系列新成就。

人工合成的蛋白质晶体模型

生命究竟是怎么回事？人们对这个既具体又抽象的问题研究了几千年，也争论了几千年。地球上的原始生命是从哪儿来的？谁也无法回到远古年代的环境中去观察生命发生的具体过程。人工合成蛋白质的成功，为我们在现代实验室里人工模拟当时的环境条件，论证生命出现的可能性和必然性提供了一条可行的途径。

蛋白质的合成、分解及转化也是生命活动的基本特征。蛋白质生物合成的原料是氨基酸，其合成过程十分复杂，几乎涉及细胞内所有种类的 RNA 和几十种蛋白质因子，反应所需的能量由 ATP 和 GTP 提供。蛋白质合成的场所是在核糖体内进行的，所以把核糖体称为蛋白质合成的工厂。

蛋白质的合成要求 100 多种大分子物质参与和相互协作。这些大分子物质包括 rRNA、tRNA、核糖体、多种活化酶及各种蛋白质因子。

mRNA 与遗传密码

1. mRNA

mRNA 的概念是在 1965 年由 F. Jacob 和 J. Monod 首先提出来的。因为当时已经知道编码蛋白质的遗传信息载体 DNA 是在细胞核中，而蛋白质的合成是在细胞质中，于是就推测，应该有一种中间信使在细胞核中合成后，携带遗传信息进入细胞质中指导蛋白质的合成。后来经过许多科学家的试验，发现了除 rRNA 和 tRNA 之外的第三种 RNA，它起着这种遗传信息传递的功能，被称为信使 RNA（mRNA）。即遗传信息由 DNA 经转录传递给mRNA，然后由 mRNA 翻译成特异的蛋白质。mRNA 的半衰期很短，很不稳定，一旦完成其使命后很快就被水解掉。

不同的 mRNA 的分子大小差别很大，这和以它为模板所合成的蛋白质的分子大小不均一有关。原核生物的 mRNA 往往携带者 1 种以上蛋白质分子的信息，但大多数真核细胞的 mRNA 只编码 1 条多肽链。

2. 遗传密码

实验证明，蛋白质不是通过复制方式来完成的，而是按照 DNA 分子结构来合成的。没有 DNA，蛋白质的合成就没有了依据，但是如果没有蛋白质，DNA 就无法体现它的遗传功能：虽然 DNA 的遗传可以不要蛋白质外衣而单独行动，但在 DNA 繁殖并建设机体时却必须有蛋白质的参与。有人把 DNA 比作蓝图，蛋白质就是蓝图实现后的产品，或把 DNA 比作模板，蛋白质就是建筑构件。这正形象地说明了蛋白质与 DNA 的关系。例如，鸡蛋里面有蛋清、蛋黄，并没有鸡毛、鸡冠，也没有鸡心、鸡肝，但是有 DNA 分子。DNA 的基因采取"分工负责、协调统一"的方法进行"流水作业"，有的"负责"鸡毛那段，有的"承包"鸡冠那段……"默默地各负其责，分工合作"。然后，蛋白质再按照DNA的分子结构来进行"组装"，"依样画葫芦"地长出了鸡毛、鸡冠、鸡心等，成为一只完整的鸡，并且有它父母的性状。

但是，蛋白质究竟是怎样按照DNA的分子结构来合成的呢？它又是什么样的物质材料？

研究证明，蛋白质的物质材料是氨基酸。氨基酸有20多种，它们的结构像一列长长的火车，每一节车厢就是一种氨基酸，这些车厢首尾相连，就构成了蛋白质这列火车。

蛋白质分子最小的只含有几十个氨基酸，较大的却含有千百个氨基酸。每一种蛋白质的氨基酸都按一定的顺序排列起来，正如每一种DNA都具有特定的核苷酸顺序一样。那么，这两种平行的序列是互不相干，还是大有关系呢？

科学家在研究这二者关系时，运用了一系列的假定推理。他们首先设想：是核苷酸的碱基序列决定了氨基酸序列，因此，在每个位置上，核苷酸都要同氨基酸对应起来。但是，由于核苷酸家族很小，只有4种，而氨基酸却有20多种，"门不当，户不对"，核苷酸人丁稀少，氨基酸却成员众多，二者怎么才能一一地配对，以实现它们的完美结合呢？于是，科学家又假定开来：他们先是假定2个核苷核与1个氨基酸对应，那么4种核苷酸就有16种排列方式，即AA、TT、CC、GG、AT、AC、AG、TC、TG、TA、CA、CT、CG、GA、GT、GC。但是氨基酸有20多种，还是有"富裕人员"，有"单身俱乐部成员"。于是，科学家又假定3个核苷酸与1个氨基酸对应，那就有64种排列方式，便足够同氨基酸对应了。随着科学的发展，科学家们的这一假想后来得到了科学的证实，并已经研究出了每3个核苷酸与相应氨基酸的对应关系。于是，每3个核苷酸愉快地携伴搭乘上一节氨基酸车厢，蛋白质这列火车也就咣啷咣啷地向前开去，充满了生命的活力与节奏。

（1）遗传密码的解读。踏上蛋白质"火车"的氨基酸车厢的成员们，已开始了愉快的旅行。但是，倘若要问一问每节车厢中的成员们是怎样组合在一起的，这就不能不让人联想到日常生活中的打电报了。日常通讯中用"、"、"—"两个符号，可以组成从"0"到"9"这10个数，每4个数按不同顺序编码，分别代表成千上万个汉字，就可以担负起各式各样的电报内容，完成通讯任务。

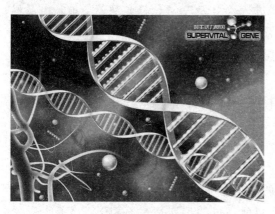

DNA 分子结构图

DNA 由 4 种不同的核苷酸组成，其中 3 个核苷酸就组成了如同电报中的密码子。若干个密码子又组成 1 个基因，许许多多基因连在一起成为 DNA，就组成一个庞大的信息群，代表成千上万的遗传信息。4 种核苷酸类似打电报的 10 个数字，密码子就像电报中的汉字，而基因就是电报中的一句话，DNA 就是电报的全文。

现在的问题在于：密码子怎样破译，也就是说，什么样的密码子代表哪一类的氨基酸。1961 年 8 月，生物化学家尼伦伯格宣布他破译了一个密码子，在生物界引起一场轰动，在此后的 5 年里，人们成功地破译了全部密码表中的 64 个密码子。DNA 分子和双螺旋结构使科学家把 DNA 的多核苷酸链中核苷酸顺序和蛋白质的多肽链中的氨基酸顺序联系起来考察它们之间的关系，得出 3 个核苷酸组成 1 个密码子，DNA 链上每 3 个核苷酸组成的 1 个密码子编码相对应蛋白质多肽链中的 1 种氨基酸。同时，任何氨基酸在进入到多肽链中去之前，必须先装配在一种所谓接受器的小分子 RNA 上，然后接受器带领氨基酸去和蛋白质合成的 RNA 作碱基互补配对，从而使氨基酸按照编码的要求依次合成一个一个蛋白质分子。将人工合成的只含有尿嘧啶核苷酸（u）的多核苷酸中只加入一种用同位素 ^{14}C 标记的氨基酸，结果发现只在苯丙氨酸的一组试验中会出现全是苯丙氨酸构成的多肽链。显然，经过同位素 ^{14}C 的侦查，苯丙氨酸的一个密码子全是由 u 所组成。后来，科学家经过实验证明密码子是以三联形式（即每个密码子氨基酸由 3 个碱基决定）代表着 20 多种氨基酸，同时还证明了密码子是由一个固定的点开始，顺一定的方向读下去，被翻译成相应的氨基酸。

那么。苯丙氨酸的密码子应是"UUU"，后来又破译了编码赖氨酸的密码子是"AAA"，编码脯氨酸的密码子是"CCC"。以后，由于人工合成了一系列的含有 2 种或 3 种不同核苷酸的多聚核苷酸，利用它作为"侦查员"，破译工作就更快了。例如，用多聚核苷酸作为"侦查员"，在体外的蛋白质分子体系中，通过观察多种标记的氨基酸在多肽链中的比例，即可推算出某些密码子的组成。

遗传密码表

第一位碱基	第二位碱基				第三位碱基
	U	C	A	G	
U	苯丙氨酸	丝氨酸	酪氨酸	半胱氨酸	U
	苯丙氨酸	丝氨酸	酪氨酸	半胱氨酸	C
	亮氨酸	丝氨酸	终止	终止	A
	亮氨酸	丝氨酸	终止	色氨酸	G
C	亮氨酸	脯氨酸	组氨酸	精氨酸	U
	亮氨酸	脯氨酸	组氨酸	精氨酸	C
	亮氨酸	脯氨酸	谷氨酰胺	精氨酸	A
	亮氨酸	脯氨酸	谷氨酰胺	精氨酸	G
A	异亮氨酸	苏氨酸	天冬酰胺	丝氨酸	U
	异亮氨酸	苏氨酸	天冬酰胺	丝氨酸	C
	异亮氨酸	苏氨酸	赖氨酸	精氨酸	A
	甲硫氨酸	苏氨酸	赖氨酸	精氨酸	G
G	缬氨酸	丙氨酸	天冬氨酸	甘氨酸	U
	缬氨酸	丙氨酸	天冬氨酸	甘氨酸	C
	缬氨酸	丙氨酸	谷氨酸	甘氨酸	A
	缬氨酸	丙氨酸	谷氨酸	甘氨酸	G

　　(2) 遗传密码的特性。A. 密码的无标点性。密码的无标点性是指 2 个密码子之间没有任何核苷酸加以隔开。因此要正确阅读密码必须从一个正确的起点开始，按一定的读码框架连续读下去，直至遇到终止密码子为止。

若插入或删去 1 个碱基，就会使这以后的读码发生错误，这种突变称为移码突变。

B. 遗传密码的不重叠性。假设 mRNA 上的核苷酸序列为 ABCDEFGHIJKL……按不重叠读码规则，每 3 个碱基编码 1 个氨基酸，碱基不重复使用，即 ABC 编码第一个氨基酸，DEF 编码第二个氨基酸，GHI 编码第三个氨基酸，依次类推。若按完全重叠规则读码，则为 ABC 编码第一个氨基酸，BCD 编码第二个氨基酸，CDE 编码第三个氨基酸等等。

目前已经证明，在绝大多数生物中读码规则是不重叠的。但是在少数大肠杆菌噬菌体的 RNA 基因组中，部分基因的遗传密码是重叠的。

C. 密码子的简并性。大多数氨基酸都是由几个不同的密码子编码的，如 UCU、UCC、UCA、UCG、AGU 及 AGC 六个密码子都编码丝氨酸，这一现象称密码子的简并性。编码相同氨基酸的密码子被称为同义密码子。只有色氨酸和甲硫氨酸仅有 1 个密码子。

密码的简并性具有重要的生物学意义。一是可以减少有害的突变。如果每个氨基酸只有 1 个密码子，那么 20 个密码子即可编码 20 种氨基酸的了，剩下的 44 个密码子都将是无意义的，将会导致肽链合成的终止。这样造成终止突变的可能性会大大提高。而肽链终止的突变常导致蛋白质的失活。二是即使 DNA 上碱基组成有变化，仍可保持由此 DNA 编码的多肽链上氨基酸序列不变。细菌 DNA 中（G＋C）含量变动很大（30%～70%），但是 GC 含量很不相同的细菌，却可以编码出相同的多肽，所以密码简并性在物种的稳定上起一定作用。

D. 密码子的第三个碱基的专一性较第一、二个碱基低。密码的简并性往往只涉及第三位碱基，如丙氨酸有 4 组密码子：GCU、GCC、GCA 和 GCG，它们的前 2 位碱基都相同，均为 GC，只是第三位不同。已经证明，密码子的专一性主要取决于前 2 位碱基，第三位碱基的重要性不大。例如丙氨酸是由三联体 GCU、GCC、GCA 和 GCG 来编码的，头 2 个碱基 GC 是所有丙氨酸密码子共用的，而第三个可以是任何碱基。

E. 起始密码子和终止密码子。64 个密码子中，有 1 个密码子 AUG 既是甲硫氨酸的密码子，又是肽链合成的起始密码子。另外 3 个密码子 UAG、UAA 和 UGA 不编码任何氨基酸，而是多肽合成终止密码子。这 3 个密码子不能被 tRNA 阅读，只能被肽链释放因子识别。

F. 遗传密码的基本通用性。多年来，遗传密码被认为是通用的，即各种高等和低等的生物（包括病毒、细菌及真核生物等）共用同一套遗传密码。后来的研究发现，线粒体 mRNA 中，一些密码子有不同的含义，如哺乳动物的线粒体中，UGA 不再是终止密码子，而编码色氨酸，AGA、AGG 为终止密码，而不编码精氨酸。另外，某些生物细胞基因组密码也有一定的变异，如原核生物的支原体中，UGA 也被用于编码色氨酸。因此标准的遗传密码尽管被广泛采用，但并非绝对通用的。

tRNA

在蛋白质合成中，氨基酸本身不能识别 mRNA 上的密码子，它需要由特异的 tRNA 分子携带到核糖体上，并由 tRNA 去识别在 mRNA 上的密码子，因此 tRNA 是多肽链和 mRNA 之间的接合器。

tRNA 含有 2 个关键的部位，一个是 3′末端的氨基酸结合部位，tRNA 分子的 3′末端的碱基顺序是—CCA，"活化"的氨基酸的羧基与 tRNA3′末端腺苷的核糖 3′—OH 连接，形成氨酰—tRNA，这一过程由特异的氨酰—tRNA 合成酶催化完成，由 ATP 提供氨基酸活化所需要的能量。大多数氨基酸都有几种 tRNA 作为运载工具，这些携带相同氨基酸而反密码子不同的一组 tRNA 称为同功受体 tRNA。在书写时，将所携带氨基酸写在 tRNA 的右上角，如 tRNA^Ala 及 tRNA^cys 分别表示转运丙氨酸和半胱氨酸的 tRNA。一种氨酰—tRNA 合成酶可以识别一组同功受体 tRNA。

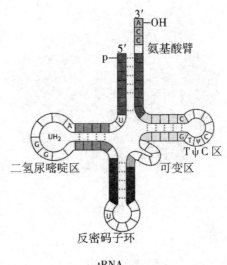

tRNA

tRNA 分子中另一个关键部位是与 mRNA 的结合部位，这一部位位于 tRNA 的反密码子环上，由 3 个特定的碱基组成，称为反密码子。反密码子按碱基配对原则，反向识别 mRNA 链上的密码子。氨基酸一旦与 tRNA 形成氨酰—tRNA，进一步的去向就由 tRNA 来决定了。tRNA 凭借自身的反密码子与 mRNA 分子上的密码子相识别而把所带的氨基酸送到肽链的一定位置上。Chapeville 和 Lipmann（1962）做了一个巧妙的实验来证明这一点：将放射性同位素标记的半胱氨酸在半胱氨酰—tRNA 合成酶催化下，与 tRNA 形成半胱氨酰—tRNA。然后，用活性镍作催化剂，使半胱氨酸转变成丙氨酸，形成丙氨酰—tRNA^{cys}。然后将它放到网织红细胞无细胞体系中进行蛋白质合成。分析后，发现丙氨酸插入了本应由半胱氨酸所占的位置。

　　一种 tRNA 分子往往能够识别 1 种以上的同义密码子，Crick 提出了"摆动假说"来解释这一现象。他认为配对时，密码子的第一、第二位碱基严格配对，第三位碱基可以有一定的变动。配对的摆动性是由 tRNA 反密码子环的空间结构决定的。

核糖体

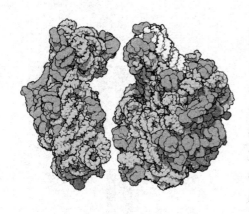

核糖体

　　1955 年，Paul Zameenik 通过实验确认核糖体是蛋白合成的场所。他将放射性同位素标记的氨基酸注射到小鼠体内，经短时间后取出肝脏，制成匀浆，离心后分成细胞核、线粒体、微粒体和可溶部分。发现微粒体中的放射性强度最高，若将微粒体部分进一步分级分离，可在核糖体中大量回收到所掺入的放射性同位素标记的氨基酸，这说明核糖体是合成蛋白质的部位。

1. 核糖体的结构

　　核糖体是一个巨大的核糖核蛋白体。原核细胞核糖体能解离成 1 个大亚基和 1 个小亚基；真核细胞核糖体比原核细胞的更大更复杂，它也能解离成 1 个大亚基和 1 个小亚基。

　　在原核和真核细胞蛋白质合成时，往往都会有多个核糖体结合在一个

mRNA 转录本上，从而形成念珠状结构，称为多聚核糖体。2 个核糖体之间有一段裸露的 mRNA。多聚核糖体的出现是由于一旦一个活跃的核糖体通过了 mRNA 上的起始位点，第二个核糖体就能在那个位点起始翻译，这样提高了翻译的效率。

2. 核糖体的化学组成

原核细胞核糖体中的小亚基含有 21 种蛋白质，还含有 1 分子 rRNA（核糖体 RNA）。大亚基含有 34 种蛋白质及大小不等的 2 分子 rRNA。真核细胞核糖体中的小亚基有 30 多种蛋白质及 1 分子 rRNA。大亚基中有 50 多种蛋白质及大小不等的 2 分子 rRNA（见下表）。哺乳类动物核糖体的大亚基中还有 1 分子 rRNA（比上面提到的真核细胞核糖体中较小的 rRNA 稍大一些）。真核细胞中的叶绿体和线粒体也有自己的核糖体。

核糖体的化学组成

来源	亚基	rRNA	蛋白质分子数目
原核生物	大亚基	大小不等的 2 分子	34
	小亚基	1 分子	21
真核生物	大亚基	大小不等的 2 分子	50 多
	小亚基	1 分子	30 多

①核糖体 RNA（rRNA）。大肠杆菌核糖体内的 rRNA 有很多短的双螺旋区。目前对 rRNA 的生物学功能还缺少了解。有人认为，核糖体 RNA 主要起结构作用，为核糖体蛋白质正确的装配和定位提供了骨架。但也有例外，16S rRNA 在识别 mRNA 上的多肽合成起始位点中起重要作用。

②核糖体蛋白。大肠杆菌所有核糖体蛋白的氨基酸序列已经阐明，它们的大小范围在 46 ~ 557 个残基之间。这些蛋白质的大多数互相之间不存在序列上的相似性，但富含碱性氨基酸赖氨酸和精氨酸，并含有很少的芳香族氨基酸，这种情况对与多聚阴离子 RNA 分子的结合是有利的。

肽链合成后的折叠与修饰

大多数蛋白质的肽链在合成时或合成后，还必须经过若干折叠及修饰过程，才能成为成熟的有一定生理功能的蛋白质分子。

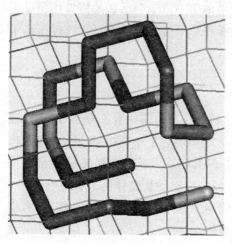

多肽链

（1）多肽链的折叠。多肽链的折叠是指从多肽链氨基酸序列形成正确的三维结构的过程。肽链的折叠从核糖体出现新生的多肽链即可开始。蛋白质的氨基酸序列规定蛋白质的三维结构，但生物体内蛋白质的折叠仍然需要催化剂的帮助。现已发现，蛋白质二硫键异构酶和肽基脯氨酸异构酶参与蛋白质的折叠过程。前者能加速蛋白质正确二硫键的形成，后者则加速脯氨酸亚氨基肽键的顺—反异构化。在蛋白质中有一部分脯氨酸亚氨基的肽键是顺式构型，需要被异构化为反式。另外，还有一个被称为分子伴侣的蛋白质家族涉及蛋白质折叠，它们通过抑制新生肽链不恰当的聚集，并排除与其他蛋白质不合理的结合，协助多肽链的正确折叠。目前被确认的分子伴侣有热休克蛋白60、70等。

（2）多肽链的修饰。多肽链的修饰可以在肽链折叠前、折叠期间或折叠后进行，也可以在肽链延伸期间或终止后进行。有些修饰对多肽链的正确折叠是重要的，有些修饰与蛋白质在细胞内的转移或分泌有关。

①末端氨基的去甲酰化和N—甲硫氨酸的切除。原核细胞多肽N末端的甲酰甲硫氨酸的甲酰基可在去甲酰酶的催化下被除去。在原核和真核细胞中多肽N末端的甲硫氨酸（有时与少数几个氨基酸一起）均可被氨肽酶除去。原核细胞究竟采取去甲酰基还是去甲酰甲硫氨酸，常决定于邻近氨基酸。如果第二个氨基酸是Arg、Asn、Asp、Glu、Ile或Lys，则以前者为主；如果第二个氨基酸是Ala、Gly、Pro、Thr或Val，则以后者为主。

②一些氨基酸残基侧链被修饰。有些氨基酸没有相应的遗传密码，而是在肽链从核糖体释放后经化学修饰形成的。如胶原蛋白中含有大量的羟脯氨酸和羟赖氨酸，分别是脯氨酸和赖氨酸经羟化而成的。有些蛋白质中的天冬酰胺、丝氨酸和苏氨酸发生糖基化形成糖蛋白，丝氨酸磷酸化成为磷酸丝

氨酸。

③二硫键的形成。多肽链的半胱氨酸残基可在蛋白质二硫键异构酶的作用下形成二硫键，肽链内或肽链间都可形成二硫键，二硫键在维持蛋白质的空间构象中起了很重要的作用。

④多肽链的水解断裂。许多具有一定功能的蛋白质如酶、激素蛋白，在体内常以无活性的前体肽的形式产生。这些前体在一定情况下经体内蛋白酶的水解切去部分肽段，才能变成有活性的蛋白质，如胰岛素原变成胰岛素，胰蛋白酶原变为胰蛋白酶等。

水 解

水解是一种化工单元过程，是利用水将物质分解形成新的物质的过程。物质与水发生的导致物质发生分解的反应也可以说是物质是否与水中的氢离子或者是氢氧根离子发生反应。工业上应用较多的是用有机物的水解主要生产醇和酚。大多数有机化合物的水解仅用水是很难顺利进行的。根据被水解物的性质，水解剂可以用氢氧化钠水溶液、稀酸或浓酸，有时还可用氢氧化钾、氢氧化钙、亚硫酸氢钠等的水溶液。

激素与酶

JISU YU MEI

　　激素、酶是生物体活细胞产生的两类重要的有机化学物质，在人体中，两者所占的比例并不大，但是作用却非常重要，属于高效能物质。

　　激素音译为荷尔蒙，是调节物质，不参加具体的代谢过程，只对特定的代谢和生理过程的速度和方向起调节作用。酶是一种有生物活性的蛋白质，是生物体内的催化剂，是生命活动的基础，哪里有生命现象，哪里就有酶的活动。绿色植物和某些细菌能够利用太阳能，通过光合作用，将二氧化碳和少量的硝酸盐、磷酸盐等极简单的原料合成复杂的有机物质，都是靠酶的催化所完成。所以说，酶在复杂的生物合成中的作用是无法用其他方法替代的。

　　激素对新陈代谢具有调节作用，离不开酶的催化；激素可以激活酶的活性；酶和激素的合成与分泌在一定程度上相互影响。两者对人体、生命都有着重要意义。

人体中的激素

激素音译为荷尔蒙，希腊文原意为"奋起活动"。它对肌体的代谢、生长、发育、繁殖、性别、性欲和性活动等起重要的调节作用。

高度分化的内分泌细胞合成并直接分泌入血的化学信息物质，它通过调节各种组织细胞的代谢活动来影响人体的生理活动。由内分泌腺或内分泌细胞分泌的高效生物活性物质，在体内作为信使传递信息，对机体生理过程起调节作用的物质称为激素。它是我们生命中的重要物质。

现在把凡是通过血液循环或组织液起传递信息作用的化学物质，都称为激素。激素的分泌均极微量，为 hg（十亿分之一克）水平，但其调节作用均极明显。激素作用甚广，但不参加具体的代谢过程，只对特定的代谢和生理过程起调节作用，调节代谢及生理过程的进行速度和方向，从而使机体的活动更适应于内外环境的变化。激素的作用机制是通过与细胞膜上或细胞质中的专一性受体蛋白结合而将信息传入细胞，引起细胞内发生一系列相应的连锁变化，最后表达出激素的生理效应。激素的生理作用主要是：通过调节蛋白质、糖和脂肪等物质的代谢与水盐代谢，维持代谢的平衡，为生理活动提供能量；促进细胞的分裂与分化，确保各组织、器官的正常生长、发育及成熟，并影响衰老过程；影响神经系统的发育及其活动；促进生殖器官的发育与成熟，调节生殖过程；与神经系统密切配合，使机体能更好地适应环境变化。

研究激素不仅可了解某些激素对动物和人体的生长、发育、生殖的影响及致病的机理，还可利用测定激素来诊断疾病。许多激素制剂及其人工合成的产物已广泛应用于临床治疗及农业生产。利用遗传工程的方法使细菌生产某些激素，如生长激素、胰岛素等已经成为现实，并已广泛应用于临床上。

激素广义是指引起液体相互关联的物质，但狭义即现在一般是指动物体内的固定部位（一般在内分泌腺内）产生的而不经导管直接分泌到体液中，并输送到体内各处使某些特定组织活动发生一定变化的化学物质。另一方面，特定的神经细胞形成和分泌的神经性脑下垂体激素等神经分泌物质，则可归

入狭义的激素中。

激素的产生

激素是内分泌细胞制造的。

人体内分泌细胞有群居和散住 2 种。

群居的形成了内分泌腺，如脑壳里的脑垂体，脖子前面的甲状腺、甲状旁腺，肚子里的肾上腺、胰岛、卵巢及阴囊里的睾丸。

散住的如胃肠黏膜中有胃肠激素细胞，丘脑下部分泌肽类激素细胞等。

每一个内分泌细胞都是制造激素的小作坊。

大量内分泌细胞制造的激素集中起来，便成为不可小看的力量。

激素是化学物质。目前对各种激素的化学结构基本都搞清楚了。按化学结构大体分为 4 类：①类固醇，如肾上腺皮质激素、性激素。②氨基酸衍生物，有甲状腺素、肾上腺髓质激素、松果体激素等。③激素的结构为肽与蛋白质，如下丘脑激素、垂体激素、胃肠激素、降钙素等。④脂肪酸衍生物，如前列腺素。

激素的作用

激素是调节机体正常活动的重要物质。它们中的任何一种都不能在体内发动一个新的代谢过程。它们也不直接参与物质或能量的转换，只是直接或间接地促进或减慢体内原有的代谢过程。如生长和发育都是人体原有的代谢过程，生长激素或其他相关激素增加，可加快这一进程，减少则使生长发育迟缓。激素对人类的繁殖、生长、发育、各种其他生理功能、行为变化以及适应内外环境等，都能发挥重要的调节作用。一旦激素分泌失衡，便会带来疾病。

激素只对一定的组织或细胞（称为靶组织或靶细胞）发挥特有的作用。人体的每一种组织、细胞，都可成为这种或那种激素的靶组织或靶细胞。而每一种激素，又可以选择 1 种或几种组织、细胞作为本激素的靶组织或靶细胞。如生长激素可以在骨骼、肌肉、结缔组织和内脏上发挥特有作用，使人

体长得高大粗壮。但肌肉也充当了雄激素、甲状腺素的靶组织。

激素的生理作用虽然非常复杂，但是可以归纳为 5 个方面：①通过调节蛋白质、糖和脂肪等三大营养物质和水、盐等代谢，为生命活动供给能量，维持代谢的动态平衡。②促进细胞的增殖与分化，影响细胞的衰老，确保各组织、各器官的正常生长、发育以及细胞的更新与衰老。例如生长激素、甲状腺激素、性激素等都是促进生长发育的激素。③促进生殖器官的发育成熟、生殖功能以及性激素的分泌和调节，包括生卵、排卵、生精、受精、着床、妊娠及泌乳等一系列生殖过程。④影响中枢神经系统和植物性神经系统的发育及其活动，与学习、记忆及行为的关系。⑤与神经系统密切配合调节机体对环境的适应。上述五方面的作用很难截然分开，而且不论哪一种作用，激素只是起着信使作用，传递某些生理过程的信息，对生理过程起着加速或减慢的作用，不能引起任何新的生理活动。

激素的作用机制

激素在血中的浓度极低，这样微小的数量能够产生非常重要的生理作用，其先决条件是激素能被靶细胞的相关受体识别与结合，再产生一系列过程。含氮类激素与类固醇的作用机制不同。

1. 含氮类激素

它作为第一信使，与靶细胞膜上相应的专一受体结合，这一结合随即激活细胞膜上的腺苷酸环化酶系统，在 Mg^{2+} 存在的条件下，ATP 转变为 cAMP。cAMP 为第二信使。信息由第一信使传递给第二信使。cAMP 使胞内无活性的蛋白激酶转为有活性，从而激活磷酸化酶，引起靶细胞固有的、内在的反应，如腺细胞分泌、肌肉细胞收缩与舒张、神经细胞出现电位变化、细胞通透性改变、细胞分裂与分化以及各种酶反应等。

自 cAMP 第二信使学说提出后，人们发现有的多肽激素并不使 cAMP 增加，而是降低 cAMP 合成。新近的研究表明，在细胞膜还有另一种叫做 GTP 结合蛋白，简称 G 蛋白，而 G 蛋白又可分为若干种。G 蛋白有 α、β、γ 三个亚单位。当激素与受体接触时，活化的受体便与 G 蛋白的 α 亚单位结合而与 β、γ 分离，对腺苷酸环化酶起激活或抑制作用。起激活作用的叫兴奋性 G 蛋白（Gs）；起抑制作用的叫抑制性 G 蛋白（Gi）。G 蛋白与腺苷酸环化酶作用后，G 蛋白中的 GTP 酶使 GTP 水解为 GDP 而失去活性，G 蛋白的 β、γ 亚单位重新与 α 亚单位结合，进入另一次循环。腺苷酸环化酶被 Gs 激活时 cAMP 增加；当它被 Gi 抑制时，cAMP 减少。要指出的是，cAMP 与生物效应的关系不经常一致，故关于 cAMP 是否是惟一的第二信使尚有不同的看法，有待进一步研究。近年来关于细胞内磷酸肌醇可能是第二信使的学说受到重视。这个学说的中心内容是：在激素的作用下，在磷脂酶 C 的催化下使细胞膜的磷脂酰肌醇→三磷肌醇 + 甘油二酯。二者通过各自的机制使细胞内 Ca^{2+} 浓度升高，增加的 Ca^{2+} 与钙调蛋白结合，激发细胞生物反应的作用。

2. 类固醇激素

这类激素是分子量较小的脂溶性物质，可以透过细胞膜进入细胞内，在细胞内与胞浆受体结合，形成激素胞浆受体复合物。复合物通过变构就能透过核膜，再与核内受体相互结合，转变为激素 – 核受体复合物，促进或抑制特异的 RNA 合成，再诱导或减少新蛋白质的合成。

激素还有其他作用方式。此外，还有一些激素对靶细胞无明显的效应，但可能使其他激素的效应大为增强，这种作用被称为"允许作用"。例如肾上腺皮质激素对血管平滑肌无明显的作用，却能增强去甲肾上腺素的升血压作用。

 知识点

靶细胞

靶细胞是指某种细胞成为另外的细胞或抗体的攻击目标时，前者就叫后者的靶细胞。靶细胞具有与激素特异性结合的受体。含氮激素的受体位于靶细胞膜上，类固醇激素的受体位于靶细胞质内，它们通过靶细胞内不同的信号传递系统，作用于细胞核内相应的基因，从而调节控制该基因的表达，产生相应的功能物质。

激素的合成与消亡

激素的合成、贮存、释放、运输以及在体内的代谢过程，有许多类似的地方，但这部分内容大多数属于生物化学范畴。

合成和贮存

不同结构的激素，其合成途径也不同。肽类激素一般是在分泌细胞内核糖体上通过翻译过程合成的，与蛋白质合成过程基本相似，合成后储存在胞内高尔基体的小颗粒内，在适宜的条件下释放出来。胺类激素与类固醇类激素是在分泌细胞内主要通过一系列特有的酶促反应而合成的。前一类底物是氨基酸，后一类是胆固醇。如果内分泌细胞本身的功能下降或缺少某种特有的酶，都会减少激素合成，称为某种内分泌腺功能低下；内分泌细胞功能过分活跃，激素合成增加，分泌也增加，称为某内分泌腺功能亢进。两者都属于非生理状态。

各种内分泌腺或细胞贮存激素的量可有不同，除甲状腺贮存激素量较大外，其他内分泌腺的激素贮存量都较少，合成后即释放入血液（分泌），所以在适宜的刺激下，一般依靠加速合成以供需要。

激素的分泌及其调节

激素的分泌有一定的规律，既受机体内部的调节，又受外界环境信息的影响。激素分泌量的多少，对机体的功能有着重要的影响。

（1）激素分泌的周期性和阶段性。由于机体对地球物理环境周期性变化以及对社会生活环境长期适应的结果，使激素的分泌产生了明显的时间节律，血中激素浓度也就呈现了以日、月或年为周期的波动。这种周期性波动与其他刺激引起的波动毫无关系，可能受中枢神经的"生物钟"控制。

（2）激素在血液中的形式及浓度。激素分泌入血液后，部分以游离形式随血液运转，另一部分则与蛋白质结合，是一种可逆性过程，即游离型＋结合型，但只有游离型才具有生物活性。不同的激素结合不同的蛋白，结合比例也不同。结合型激素在肝脏代谢与由肾脏排出的过程比游离型长，这样可以延长激素的作用时间。因此，可以把结合型看做是激素在血中的临时储蓄库。激素在血液中的浓度也是内分泌腺功能活动态的一种指标，它保持着相对稳定。如果激素在血液中的浓度过高，往往表示分泌此激素的内分泌腺或组织功能亢进；过低，则表示功能低下或不足。

（3）激素分泌的调节。已如前述，激素分泌的适量是维持机体正常功能的一个重要因素，故机体在接受信息后，相应的内分泌腺是否能及时分泌或停止分泌，这就要机体的调节，使激素的分泌能保证机体的需要，又不至过多而对机体有损害。引起各种激素分泌的刺激可以多种多样，涉及的方面也很多，有相似的方面，也有不同的方面，但是在调节的机制方面有许多共同的特点，简述如下。

当一个信息引起某一激素开始分泌时，往往调整或停止其分泌的信息也反馈回来。即分泌激素的内分泌细胞随时收到靶细胞及血中该激素浓度的信息，或使其分泌减少（负反馈），或使其分泌再增加（正反馈），常常以负反馈效应为常见。最简单的反馈回路存在于内分泌腺与体液成分之间，如血中葡萄糖浓度增加可以促进胰岛素分泌，使血糖浓度下降；血糖浓度下降后，则对胰岛分泌胰岛素的作用减弱，胰岛素分泌减少，这样就保证了血中葡萄糖浓度的相对稳定。又如下丘脑分泌的调节肽可促进腺垂体分泌促激素，而促激素又促进相应的靶腺分泌激素以供机体的需要。当这种激素在血中达到一定浓度后，能反馈性地抑制腺垂体或下丘脑的分泌，这样就构成了下丘脑—腺垂体—靶腺功能轴，形成一个闭合回路，这种调节称闭环调节，按照调节距离的长短，又可分长反馈、短反馈和超短反馈。要指出的是，在某些情况下，后一级内分泌细胞分泌的激素也可促进前一级腺体的分泌，呈正反馈效应，但较为少见。

在闭合回路的基础上，中枢神经系统可接受外环境中的各种应激性及光、温度等刺激，再通过下丘脑把内分泌系统与外环境联系起来形成开口环路，促进各级内分泌腺分泌，使机体能更好地适应于外环境。此时闭合环路暂时失效。这种调节称为开环调节。

激素的代谢

激素从分泌入血，经过代谢到消失（或消失生物活性）所经历的时间长

短不同。为表示激素的更新速度，一般采用激素活性在血中消失 1/2 的时间，称为半衰期，作为衡量指标。有的激素半衰期仅几秒；有的则可长达几天。半衰期必须与作用速度及作用持续时间相区别。激素作用的速度取决于它作用的方式；作用持续时间则取决于激素的分泌是否继续。

激素的消失方式可以是被血液稀释、由组织摄取、代谢灭活后经肝与肾随尿、粪排出体外。

生物化学

生物化学是研究生命物质的化学组成、结构及生命活动过程中各种化学变化的基础生命科学。其任务主要是了解生物的化学组成、结构及生命过程中各种化学变化。从早期对生物总体组成的研究，进展到对各种组织和细胞成分的精确分析，目前正在运用诸如光谱分析、同位素标记、化学技术对重要的生物大分子（如蛋白质、核酸等）进行分析，以期说明这些生物大分子的多种多样的功能与它们特定的结构关系。

▌▌ 甲状腺激素

什么是甲状腺及甲状腺激素

1. 甲状腺

甲状腺这个词对于许多人来讲，是一个较为陌生的词汇。甲状腺是人体最大的一个内分泌腺，位于颈前下方的软组织内。甲状腺的形状呈 "h" 形，由左、右 2 个侧叶和连接两个侧叶的较为狭窄的峡部组成。甲状腺重量变化很大，新生儿约 1.5 克，10 岁儿童约 10～20 克，一般成人重量为 20～40 克，到老年甲状腺将显著萎缩，重量约为 10～15 克。

甲状腺的结构和功能单位是滤泡，甲状腺滤泡大小不一，其形态一般呈

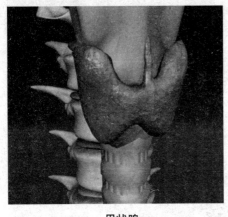

甲状腺

球形、卵圆形或管状，其主要功能是分泌甲状腺激素。滤泡腔由单层上皮细胞围成，其中央是滤泡腔，内含胶质，是甲状腺激素的储存场所。

滤泡旁细胞，又称降钙素细胞，多位于滤泡壁上，也可在滤泡间质中，可单独存在，也可以聚集成群。滤泡旁细胞较滤泡细胞大，形状可为卵圆形或梭形。滤泡旁细胞的主要功能是分泌降钙素。

2. 甲状腺激素及其作用

（1）甲状腺激素。脑垂体释放促甲状腺激素，这种激素会命令甲状腺释放甲状腺激素，而甲状腺激素可以加速体内细胞的新陈代谢。当血液中甲状腺激素的水平达到某种程度的时候，垂体就不再产生促甲状腺激素了。

（2）甲状腺激素的作用。甲状腺激素对机体的代谢、生长发育、组织分化及多种系统、器官的功能都有重要影响，甲状腺功能紊乱将会导致多种疾病的发生。因此甲状腺也是人体极为重要的一个内分泌腺。

甲状腺激素具有维持钙平衡的作用。来自甲状腺的降钙素和来自甲状旁腺（附着于甲状腺的 4 个小腺体）的甲状旁腺素共同协调地发挥作用。甲状旁腺素帮助维生素 D 转换为一种活性的激素形式，这种活性维生素 D 有助于促进钙的吸收利用。甲状旁腺激素促进骨骼释放钙元素，而降钙素则将钙元素送回到骨骼中。

甲状腺激素分泌过多或过少有什么危害

1. 甲状腺激素的分泌

甲状腺分泌的激素——甲状腺素是以一种氨基酸，即以酪氨酸为原料合成的。促使这个合成过程的酶依赖于碘、锌和硒。不管是缺乏酪氨酸，还是缺乏碘、锌或硒，都会降低甲状腺素的水平。

2. 甲状腺激素分泌过多或过少的危害

您是否会觉得很疲劳、老是忘东忘西，或是常觉得心情低落？如果这些情形已经成为您日常生活中的常态状况，您可能就要注意甲状腺是不是出了问题。

甲状腺问题可以分为亢进或不足2种状况。当甲状腺腺体分泌过多的激素，而加速身体各项功能的运作时，就是甲状腺机能亢进，此时的症状会相当明显，心跳急促或心率不整、血压升高、容易紧张、不好入睡或浅眠，或出汗量变多，甲状腺机能亢进的人体重会无故减轻，常觉得沮丧或心神不宁，此外还会导致眼球突出和视力方面的问题。

而甲状腺功能减退或甲状腺功能不足，就是指甲状腺激素分泌不足（过少）或由之所致的病症，是目前最普遍的甲状腺疾病，常伴随而来的状况有疲劳、精神不济、新陈代谢变慢以及因新陈代谢变慢而体重增加，此外还会出现情绪低落或起伏不定，健忘、声音沙哑以及怕冷的情形。对婴儿常导致呆小症，于成人常表现为氧耗量降低、基础代谢率降低、呆滞、昏睡、苍白、智力减退、精神萎靡。

当处于压力较大、身体或心理负担较重，以及过了中年以后，甲状腺比较容易出现分泌失调的问题。甲状腺分泌不正常不但会有以上的这些症状，还会导致胆固醇升高、骨质疏松，并增加罹患心脏病和不孕症的概率。

甲状腺失调虽然对身心状况有许多不良影响，但是一旦发现，是可以用药物控制的，医师建议过了中年或是觉得自己有甲状腺失调的症状时，最好要做促甲状腺激素血液筛检。透过这项血液筛检，医师和病人双方都可以更清楚甲状腺的状况并对症下药。

此外，甲状腺疾病特别好发于女性，所以也有人称甲状腺疾病为美女病。虽然甲状腺疾病可以透过药物控制病情，但是并不太可能根治。而且要特别注意的是，孕妇可能会因为甲状腺分泌不正常而伤害胎儿的脑部发育，而生出智商较低的小孩。

基本上，甲状腺疾病的治疗以服药为主，当病况严重时也可能会需要将腺体切除。医师建议，保养甲状腺是一辈子的事，平时最好不要熬夜、不要太劳累，避免作息不正常，并且注意自己是否有甲状腺失调的症状，年过35

岁的女性及超过 50 岁的男性则应每年定期作筛检。

垂　体

　　垂体位于丘脑下部的腹侧，为一卵圆形小体，是身体内最复杂的内分泌腺，其所产生的激素不但与身体骨骼和软组织的生长有关，且可影响内分泌腺的活动。垂体可分为腺垂体和神经垂体两大部分。神经垂体由神经部和漏斗部组成，腺垂体包括远侧部、结节部和中间部。

肾上腺激素

肾上腺的作用

　　肾上腺居于肾脏的顶部，它会分泌激素和其他成分，帮助我们应对压力。这些激素，包括肾上腺素、皮质醇和氢表雄酮，都可以通过引导身体的能量分配，促进氧气和葡萄糖对肌肉的供应，生成精神和身体的能量，有助于我们对突发事件及时做出反应。

压力的副作用

　　长期的压力与老化过程的加速密切相关，也与多种消化疾病和激素平衡疾病相关联。

　　靠咖啡、香烟、高糖膳食或压力本身这些刺激过日子，会增加扰乱甲状腺分泌平衡（这意味着新陈代谢会减慢，同时体重会增加）或钙平衡（导致关节炎）的危险，或患上与性激素失衡或过量皮质醇相关的疾病。这些都是持续压力所带来的长期副作用，因为任何人的身体系统在受到过度的刺激后，最终都会陷入功能低下的状态。

　　减轻压力水平的一个途径是减少糖和刺激物的摄入。

对压力激素有益的营养素

要能应付长期的压力，就要有足够的肾上腺素。为了生成肾上腺素，我们需要足够的维生素 B_3（烟酸）、维生素 B_{12} 和维生素 C。皮质醇也是一种天然的抗炎症成分，如果没足够的维生素 B_5（泛酸），它就不能生成。

补充氢表雄酮

氢表雄酮是一种至关重要的肾上腺激素，它的水平会因持续不断的压力而下降。少量补充这种激素，可以恢复我们对压力的耐受能力。氢表雄酮可以被用来制造性激素，包括睾酮和雌激素，人们还认为它有"抗衰老"作用。然而，太多的氢表雄酮也会过度刺激肾上腺，导致失眠症。所以最好在肾上腺压力测试显示你缺乏这种激素的时候，再适当补充氢表雄酮。

性激素

性激素（化学本质是脂质）是指由动物体的性腺，以及胎盘、肾上腺皮质网状带等组织合成的甾体激素，具有促进性器官成熟、副性征发育及维持性功能等作用。雌性动物卵巢主要分泌 2 种性激素——雌激素与孕激素，雄性动物睾丸主要分泌以睾酮为主的雄激素。

性激素有共同的生物合成途径：以胆固醇为前体，通过侧链的缩短，先产生 21 - 碳的孕酮或孕烯醇酮，继而去侧链后衍变为 19 - 碳的雄激素，再通过 A 环芳香化而生成 18 - 碳的雌激素。性激素的代谢失活途径也大致相同，即在肝、肾等代谢器官中形成葡萄糖醛酸酯或硫酸酯等水溶性较强的结合物，然后随尿排出，或随胆汁

肉食是富含性激素的原料

进入肠道由粪便排出。

性激素在分子水平上的作用方式，与其他甾体激素一样，进入细胞后与特定的受体蛋白结合，形成激素－受体复合物，然后结合于细胞核，作用于染色质，影响 DNA 的转录活动，导致新的或增加已有的蛋白质的生物合成，从而调控细胞的代谢、生长或分化。

雌激素

雌激素系甾体激素中独具苯环（A 环芳香化）结构者，其中雌二醇（又称动情素或求偶素）的活性最强，主要合成于卵巢内卵泡的颗粒细胞，雌酮及雌三醇为其代谢转化物。雌二醇的 2－羟基及 4－羟基衍生物也具有重要生理意义，自从 1938 年发现非甾体结构而具有类似雌二醇活性的化合物——乙酚以来，已合成的类似物不下几千种，近来已发展到三苯乙烯衍生物，其中有的可作为雌激素代用品，也可作为抗雌激素，这些化合物具有类似雌二醇的空间构型，易于合成，除有一定临床应用价值外，也可为研究雌激素作用原理提供线索。然而其代谢规律不同于甾体化合物，整体效应复杂，使用时需慎重。

雌二醇的合成呈周期性变化，其有效浓度极低，在人和常用的实验动物如大鼠、狗等的血液中含量仅微微克/毫升。雌激素的靶组织为子宫、输卵管、阴道、垂体等。雌激素的主要作用在于维持和调控副性器官的功能。早年利用去卵巢的动物观察其副性器官变化，并与外源补充雌二醇的动物做比较，发现在雌激素影响下，输卵管、子宫的活动增加，萎缩的子宫重新恢复，其腺体、基质及肌肉部分都增生，子宫液增多，阴道表皮细胞增生，表面层角化等。现已发现不仅经典靶组织具有雌激素受体蛋白，许多重要的中枢或外周器官如下丘脑、松果体、肾上腺、胸腺、胰脏、肝脏、肾脏等也均有不同数量的受体或结合蛋白分子。外源雌激素可引起全身代谢的变化。大剂量的雌二醇可促进蛋白质合成代谢、减少碳水化合物的利用，在鸟类可引起高血脂、高胆固醇，因此对脂肪代谢也有影响。此外，组织中雌二醇对水、盐分子的保留，钙平衡的维持也都有一定影响。雌激素在中枢神经系统的性分化中也起重要作用，而且由于其 2－羟基或 4－羟基衍生物属于儿茶酚类化合物，与儿茶酚胺等神经介质能竞争有关的酶系，从而相互制约、调控，形成

了神经系统与内分泌系统之间的桥梁。这方面的深入研究将可能有助于阐明性分化、性成熟、性行为及生殖功能的神经——内分泌调控机理。

各种形式的雌激素衍生物已广泛应用于避孕、治疗妇女更年期综合征、男子前列腺肥大症以及其他内分泌失调病等。

孕激素

孕酮是作用最强的孕激素，也称黄体酮，是许多甾体激素的前身物质，系哺乳类卵巢的卵泡排卵后形成的黄体以及胎盘所分泌的激素。其主要功能在于使哺乳动物的副性器官作妊娠准备，是胚胎着床于子宫，并维持妊娠所不可少的激素。孕激素的分布很广，非哺乳动物如鸟类、鲨鱼、肺鱼、海星及墨鱼等卵巢中也有孕激素合成。如鸟类输卵管卵白蛋白的生成即受孕酮激活。

孕激素和雌激素在机体内的联合作用，保证了月经与妊娠过程的正常进行。雌激素促使子宫内膜增厚、内膜血管增生。排卵后，黄体所分泌的孕激素作用于已受雌二醇初步激活的子宫及乳腺，使子宫肌层的收缩减弱、内膜的腺体、血管及上皮组织增生，并呈现分泌性改变。孕激素使已具发达管道的乳腺腺泡增生。这些作用也依赖于细胞质中的孕酮受体，而雌二醇对孕酮受体的合成具有诱导作用。孕激素在高等动物体内的其他作用不多，已知大剂量的孕酮可引起雄性反应，药理剂量的孕酮还可对垂体的促性激素分泌起抑制作用，避孕药中所含孕激素的抑制排卵效应，就是对促性腺激素起抑制作用的结果。

雄激素

睾丸、卵巢及肾上腺均可分泌雄激素。睾酮是睾丸分泌的最重要的雄激素。雄激素作用于雄性副性器官如前列腺、精囊等，促进其生长并维持其功能，也是维持雄性副性征所不可少的激素，如家禽的冠、鸟类的羽毛、反刍动物的角以及人类的须发、喉结等。雄激素还具有促进全身合成代谢，加强氮的贮留等功能，这在肝脏和肾脏尤为显著。

雄激素在动物界分布广泛，系 19 - 碳甾体化合物。已有大量人工合成的雄激素，包括酯化、甲氧基化或氟取代的衍生物，或便于口服或具较强的促合成代谢功能，可应用于临床。

雄激素的分泌不像雌激素，无明显的周期性，然而也与垂体促性激素形成反馈关系。睾酮是在血液中运转、负责反馈作用的形式，但在细胞水平起作用时，睾酮常需转化成双氢睾酮，后者与受体蛋白结合的亲和力高于睾酮，雄激素在细胞水平如下丘脑等组织中的另一转化方式是 A 环的芳香化而形成雌激素，致使某些动物的睾丸中雌激素含量甚高。这种转化在中枢神经系统中已经证明与脑的性分化有重要关系。

酶是什么

酶是生物体内产生的、能催化热力学上允许进行的化学反应的催化剂，其化学本质大多数为蛋白质。酶类似于一般催化剂，在催化反应进程中自身不被消耗，不改变化学反应的平衡点，也不改变化学反应的方向，但能加快化学反应到达平衡点的时间。酶是由生物体活细胞所产生，但酶发挥其催化作用并不局限于活细胞内，在许多情况下，细胞内产生的酶需分泌到细胞外或转移到其他组织器官中发挥作用，如胰蛋白酶、脂酶、淀粉酶等水解酶等。我们把酶所催化的反应称为酶促反应，发生化学反应前的物质称为底物，而反应后生成的物质称为产物。

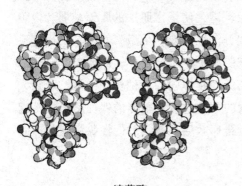

溶菌酶

酶是活的

酶的催化作用的发现可以追溯到很久很久以前。人类早就会利用酵母、果汁和粮食转化成酒，人们把果汁和粮食变成酒的过程叫做发酵，酵母制品被称为酵素。后来，法国物理学家德拉图尔对"酵母究竟是什么东西"发生了兴趣。于是，他用显微镜这个观察微观世界的工具观察了酵母的形状，结

果他看到了酵母的繁殖过程。使他感到特别惊奇的是——酵母居然是活的。由此，科学家产生了一种新的认识——酶是活的。

除了酵母以外，其他有机体内也存在着类似发酵过程的分解反应。例如，人和某些动物的胃肠里就进行着这样的过程，从胃里分泌出来的胃液中，含有某种能加速食物分解的物质。1834 年，德国科学家许旺把氯化汞加到胃液里，沉淀出一种白色粉末，再把粉末里的汞除去后，把剩下的粉末物质溶解，就能得到一种消化液，许旺把这种粉末叫做胃蛋白酶。与此同时，又有人从麦芽提取物中发现了另外一种物质，它能使淀粉转变成葡萄糖，这就是淀粉转化酶。

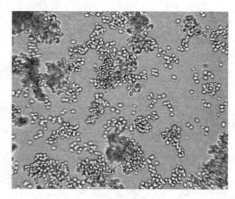

酵母菌

酶对人体的新陈代谢至关重要。在人体的新陈代谢过程中，进行着许多很复杂的化学反应。人每天都要吸进氧气，喝水，吃含有糖、脂肪、蛋白质、矿物质、维生素的食物，从肺部排出二氧化碳，从汗腺排出水分，以及排出尿、各种不能消化的东西和细菌，这些过程都伴随着各式各样的化学反应，都需要酶起作用。

酶的命名

迄今为止所发现的 4000 多种酶中，已有 2500 余种酶被鉴定过，用于生产实践的有近 200 种，其中半数用于临床。为便于研究和学习，科学家们已经对酶进行了命名，并加以科学分类。

1. 习惯命名

1961 年以前，人们根据酶作用的底物名称、反应性质及酶的来源，对酶进行了命名。如催化乳酸脱氢变为丙酮酸的酶叫乳酸脱氢酶，催化草酰乙酸脱去 coz 变为丙酮酸的酶叫草酰乙酸脱羧酶。此外，胃蛋白酶、细菌淀粉酶及牛胰核糖核酸酶等则是根据来源不同而命名。习惯命名法所定的名称较短，使用起来方便，也便于记忆，但这种命名法缺乏科学性和系统性，易产生"一酶多名"或"一名多酶"的现象。为此，国际生物化学协会酶学委员会于1961年提出了新的系统命名和分类原则。

2. 系统命名

该命名法规定，每种酶的名称应明确标明底物及所催化反应的特征，即酶的名称应包含2部分：前面为底物，后面为所催化反应的名称。若前面底物有2个，则2个底物都写上，并在2个底物之间用"："分开；若底物之一是水，则可略去。

国际系统命名法看起来科学而严谨，但使用起来不太方便，一般只是在鉴别一种酶或者撰写论文的时候才使用。在大多数情况下，人们还是喜欢使用简单明了的习惯名称。需指出的是，所有酶的名称均是由国际生物化学协会的专门机构审定后向全世界推荐的。其中20世纪60年代前所发现的酶，其名称基本上为过去所沿用的俗名，其后所发现的酶的名称则是根据酶学委员会制定的命名规则而拟定的。

▍▍▍ 酶有哪些类别

根据各种酶所催化反应的类型，国际酶学委员会把酶分为6大类，即氧化还原酶类、转移酶类、水解酶类、裂解酶类、异构酶类及合成酶类。

氧化还原酶类

氧化还原酶类是一类催化底物发生氧化还原反应的酶，包含氧化酶和脱氢酶2类。

①氧化酶类。该类酶催化底物脱氢，并氧化生成 H_2O_2 或 H_2O。

$$AH_2 + O_2 \rightleftharpoons A + H_2O_2$$

$$2AH_2 + O_2 \rightleftharpoons 2A + 2H_2O$$

上述在催化底物脱氢反应中，AH_2 表示底物，氧为氢的直接受体，其反应物脱下的氢不经载体传递，直接与氧化合生成过氧化氢或水。

②脱氢酶类。脱氢酶类直接催化底物脱下氢，其脱下氢的原初受体都是辅酶（或辅基），它们从底物获得氢原子后，再经过一系列传递体的传递，最后与氧结合生成水。

$$A \cdot 2H + B \Longleftrightarrow A + B \cdot 2H$$

氧化还原酶类中的各种酶，因各自作用的供体不同，可分为 18 个亚类。

转移酶类

转移酶类是催化分子间基团转移的一类酶，即把一种分子上的某一基团转移到另一种分子上。

在转移酶类中，不少为结合酶，被转移的基团首先结合在辅酶上，然后再转移给另一受体。如催化尿嘧啶脱氧核苷酸甲基化的胸苷酸合成酶，该酶的辅酶还原态四氢叶酸从丝氨酸获得亚甲基形成携带亚甲基的四氢叶酸，后者再将该亚甲基转移至尿嘧啶脱氧核苷酸的尿嘧啶的 C5，形成胸腺嘧啶核苷酸。

水解酶类

水解酶类催化底物发生水解反应。

这类酶大部分为胞外酶，分布广泛，数量多。水解酶类均属简单酶类。所催化的反应多为不可逆，包含水解酯键、糖苷键、肽键、醚键、酸酐键及 C—N 键等 11 个亚类。常见的水解酶有淀粉酶、蛋白酶、核酸酶、脂肪酶、磷酸酯酶。

裂解酶类

裂解酶类催化底物分子中 C—C（或 C—O、C—N 等）化学键断裂，并移去 1 个基团或一部分，使一个底物形成 2 个分子的产物。

这类酶催化的反应大多数是可逆的，故催化这类反应的酶又称裂合酶。如糖酵解中的醛缩酶是糖代谢中的一个重要酶，它催化 1，6 - 二磷酸果糖裂解为磷酸甘油醛和磷酸二羟丙酮。此外，还有氨基酸脱羧酶、异柠檬酸裂解酶、脱水酶、氨基酸脱氨酶等。

异构酶类

异构酶类催化底物在各种同分异构体之间互变，即分子内部基团的重新排布。这种互变有顺反异构、差向异构（表异构），还有分子内部基团的转移（基团变位）、分子内的氧化还原等。

如磷酸二羟丙酮异构化为 3 – 磷酸甘油醛：

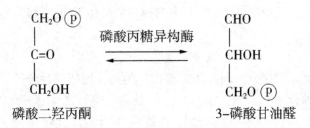

磷酸二羟丙酮　　　　　　　　　　　　3–磷酸甘油醛

异构酶类所催化的反应都是可逆反应。

合成酶类

合成酶类又叫连接酶类，催化两个分子连接起来，形成一种新的分子。其反应式如下：

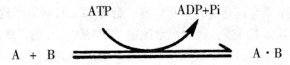

这类酶在催化 2 个分子连接起来时，伴随着 ATP 分子中高能磷酸键的裂解，其反应不可逆。常见合成酶有丙酮酸羧化酶、谷氨酰胺合成酶、谷胱甘肽合成酶和胞苷酸合成酶等。

可逆反应

可逆反应是指在同一条件下，既能向正反应方向进行，同时又能向逆反应的方向进行的反应。绝大部分的反应都存在可逆性，一些反应在一般条件下并非可逆反应，而改变条件（如将反应物至于密闭环境中、高温反应等）则反应也是可逆的。

酶催化作用有哪些特点

酶催化的专一性

酶催化的专一性是指酶对它所催化的反应及其底物有严格的选择性，即一种酶只能催化一种或一类反应。如蛋白质、脂肪和淀粉均可被一定浓度的酸或碱水解，其中的酸碱对这三种物质的催化无选择性，而酶水解则有选择性，蛋白酶只能水解蛋白质，脂肪酶只能水解脂肪，而淀粉酶只作用于淀粉。酶催化的专一性是酶与非酶催化剂最重要的区别之一。

1. 酶专一性的类型

根据酶对底物选择的严格程度，酶的专一性可分为结构专一性和立体专一性两种主要的类型。

①结构专一性。根据不同酶对不同结构底物专一性程度的不同，又可分为绝对专一性和相对专一性。

a. 绝对专一性，指酶只作用于一种底物，底物分子上任何细微的改变酶都不能作用，如脲酶只能催化尿素水解：

$$H_2N - \overset{\displaystyle \,}{\underset{\displaystyle \|}{C}} - NH_2 \,\,\underset{\text{脲酶}}{\overset{H_2O}{\rightleftharpoons\!\!\!\longrightarrow}}\,\, 2NH_3 + CO_2$$

$$\underset{\displaystyle O}{}$$

b. 相对专一性，指酶对底物结构的要求不是十分严格，可作用于一种以上的底物。有些具有相对专一性的酶作用于底物时，对所作用化学键两端的基团要求程度不同，对其中一个要求严格，而对另一个则要求不严，这种特性称为基团专一性（族专一性）。如 $\alpha - D -$ 葡萄糖苷酶，不仅要求水解 $\alpha -$ 糖苷键，而且 $\alpha -$ 糖苷键的一端必须是葡萄糖残基，而对键的另一端 R 基团要求不严。因此，凡是具有 $\alpha - D -$ 葡萄糖苷的化合物均可被该酶水解。

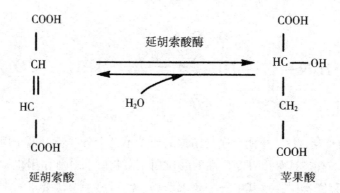

α-葡萄糖苷

②立体专一性。当底物具有立体异构体时，酶只作用于其中的一个。这种专一性包括立体异构专一性和几何异构专一性。

a. 旋光异构专一性，如 L-氨基酸氧化酶只催化 L-氨基酸的氧化脱氨基作用，对 D-氨基酸无作用。

$$L-氨基酸 \xrightarrow[\text{L-氨基酸氧化酶}]{H_2O+O_2} \alpha-酮酸+NH_3+H_2O_2$$

b. 几何异构专一性，当一种底物有几何异构体时，酶只选择其中一种进行作用，如延胡索酸酶可催化延胡索酸加水生成苹果酸，而不能催化顺丁烯二酸加水。

此外，对于酶的立体专一性，还表现在酶能区分从有机化学观点来看属于对称分子中的 2 个等同的基团，只催化其中的一个，而不催化另一个。如酵母醇脱氢酶在催化时，辅酶的尼克酰胺环 C4 上只有一侧可以加氢或脱氢，

另一侧则不被作用。

NAD辅酶的还原型
（A型）

需要指出的是酶的专一性既表现在底物上，也表现在产物方面，即一种酶只能催化形成特定的产物。

2. 酶作用专一性的机理

酶作用的专一性问题很早就引起了科学家们的注意，并提出了多个假说来解释这种专一性。

①锁钥学说。1894年，德国有机化学家 Emil Fisher 发现水解糖苷的酶能区分糖苷的立体异构体。他认为酶像一把锁，底物分子或分子的一部分结构犹如钥匙一样，能专一性地插入到酶的活性中心部位，因而发生反应。这一学说曾因无法解释酶促可逆反应而受冷落。但近年来，随着对氨酰—tRNA 合成酶的研究，发现它对大量的非常相似的底物进行高精度的识别，如异亮氨酰—tRNA 合成酶选择异亮氨酸而不选择亮氨酸作为底物，于是又导致用锁钥学说来解释许多研究过程中的酶作用的专一性问题。

②三点附着学说。它是 A. Ogster 在研究甘油激酶催化甘油转变为磷酸甘油时提出来的。该学说认为酶具有立体专一性，对于对称分子中的 2 个等同的基团，其空间排布是不同的。可以被酶识别，这是由于这些基团与酶活性中心的有关基团需要达到 3 点都相互匹配，酶才能作用于这个底物。

以上两种学说都把酶和底物之间的关系认为是刚性的，属于刚性模板学说。它们只能解释底物与酶结合的专一性，不能解释催化的专一性。而事实上专一性应包含 2 层意义，即结合专一性和催化专一性，就像有的钥匙能插入锁孔中，但不一定能把锁打开。

③诱导契合学说。1958 年 Koshland 提出，酶能催化可逆反应在于酶和底

物之间的结合是一个诱导契合的过程。该学说的要点是：酶活性中心的结构具有柔性，即酶分子本身的结构不是固定不变的；当酶与其底物结合时，酶受到底物的诱导，其构象发生相应的改变，从而引起催化部位有关基团在空间位置上的改变，以利于酶的催化基团与底物敏感键正确地契合，形成酶－底物中间复合物。近年来各种物理、化学方法和 X 射线衍射、核磁共振、差示光谱等技术都证明了酶和底物结合时酶分子有构象的改变，从而支持了诱导契合学说。

酶催化的高效性

在生物体内，酶促反应的速率通常为无催化状态时的 10^{16} 倍，远远超过了非酶催化剂所达到的速率。如尿素在脲酶催化下的水解：

$$H_2N - \underset{\underset{O}{\|}}{C} - NH_2 \ \underset{脲酶}{\overset{H_2O}{\rightleftharpoons}} \ 2NH_3 + CO_2$$

常温（20℃）下，该酶促反应的速率常数为 3×10^4/秒，而无催化剂时尿素水解的速率常数为 3×10^{-10}/秒。若把两者的比值看作酶的催化能力，则脲酶的催化能力为 10^{14}。

酶活性的可调节性

酶的另一重要特征是其催化活性受到多种因素的调节控制，从而使生命活动中的各个化学反应具有有序性，这也是区别于化学催化剂的重要特征。例如，酶活性的激素调节是一类由激素通过与细胞膜或受体结合，而对某些酶的专一性进行调节的。

酶在人体中的化学作用

在生物体内的酶是具有生物活性的蛋白质，存在于生物体内的细胞和组织中，作为生物体内化学反应的催化剂，不断地进行自我更新，使生物体内极其复杂的代谢活动不断地、有条不紊地进行。

酶的催化效率特别高（高效性），比一般的化学催化剂的效率高 $10^7 \sim 10^{18}$ 倍，这就是生物体内许多化学反应很容易进行的原因之一。

酶的催化具有高度的化学选择性和专一性，一种酶往往只能对某一种或某一类反应起催化作用，且酶和被催化的反应物在结构上往往有相似性。

一般在 37℃ 左右，接近中性的环境下，酶的催化效率就非常高，虽然它与一般催化剂一样，随着温度升高，活性也提高。但由于酶是蛋白质，因此温度过高，会失去活性（变性），因此酶的催化温度一般不能高于 60℃，否则，酶的催化效率就会降低，甚至会失去催化作用。强酸、强碱、重金属离子、紫外线等的存在，也都会影响酶的催化作用。

人体内存在大量酶，结构复杂，种类繁多，到目前为止，已发现 3000 种以上（多样性）。如米饭在口腔内咀嚼时，咀嚼时间越长，甜味越明显，是米饭中的淀粉在口腔分泌出的唾液淀粉酶的作用下，水解成葡萄糖的缘故。因此，吃饭时多咀嚼可以让食物与唾液充分混合，有利于消化。此外人体内还有胃蛋白酶，胰蛋白酶等多种水解酶。人体从食物中摄取的蛋白质，必须在胃蛋白酶等作用下，水解成氨基酸，然后再在其他酶的作用下，选择人体所需的 20 多种氨基酸，按照一定的顺序重新结合成人体所需的各种蛋白质，这其中发生了许多复杂的化学反应。可以这样说，没有酶就没有生物的新陈代谢，也就没有自然界中形形色色、丰富多彩的生物界。

随着对酶研究的发展，酶在医学上的重要性越来越引起了人们的注意，应用越来越广泛。下面分 3 个方面介绍。

酶与某些疾病的关系

酶缺乏所致之疾病多为先天性或遗传性，如白化病是因酪氨酸羟化酶缺乏，蚕豆病或对伯氨喹啉敏感患者是因 6 – 磷酸葡萄糖脱氢酶缺乏。许多中毒性疾病几乎都是由于某些酶被抑制所引起的。如常用的有机磷农药（如敌百虫、敌敌畏、1059 以及乐果等）中毒时，就是因它们与胆碱酯酶活性中心必需基团丝氨酸上的 1 个—OH 结合而使酶失去活性。胆碱酯酶能催化乙酰胆碱水解成胆碱和乙酸，当胆碱酯酶被抑制失活后，乙酰胆碱水解作用受抑，造成乙酰胆碱堆积，出现一系列中毒症状，如肌肉震颤、瞳孔缩小、多汗、心跳减慢等。某些金属离子引起人体中毒，则是因金属离子（如 Hg^{2+}）可与某些酶活性中心的必需基团（如半胱氨酸的—SH）结合而使酶失去活性。

酶在疾病诊断上的应用

正常人体内酶活性较稳定，当人体某些器官和组织受损或发生疾病后，某些酶被释放入血、尿或体液内。如急性胰腺炎时，血清和尿中淀粉酶活性显著升高；肝炎和其他原因肝脏受损，肝细胞坏死或通透性增强，大量转氨酶释放入血，使血清转氨酶升高；心肌梗死时，血清乳酸脱氢酶和磷酸肌酸激酶明显升高；当有机磷农药中毒时，胆碱酯酶活性受抑制，血清胆碱酯酶活性下降；某些肝胆疾病，特别是胆道梗阻时，血清 r – 谷氨酰移换酶增高等。因此，借助血、尿或体液内酶的活性测定，可以了解或判定某些疾病的发生和发展。

酶在临床治疗上的应用

近年来，酶疗法已逐渐被人们所认识，广泛受到重视，各种酶制剂在临床上的应用越来越普遍，如胰蛋白酶、糜蛋白酶等，能催化蛋白质分解，此原理已用于外科扩创，化脓伤口净化及胸、腹腔浆膜粘连的治疗等。在血栓性静脉炎、心肌梗死、肺梗塞以及弥漫性血管内凝血等病的治疗中，可应用纤溶酶、链激酶、尿激酶等，以溶解血

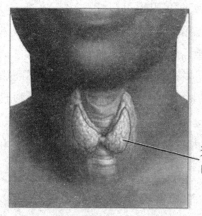

衰退的甲状腺

甲状腺功能亢进

块，防止血栓的形成等。

一些辅酶，如辅酶 A、辅酶 Q 等，可用于脑、心、肝、肾等重要脏器的辅助治疗。另外，还利用酶的竞争性抑制的原理，合成一些化学药物，进行抑菌、杀菌和抗肿瘤等的治疗。如磺胺类药和许多抗生素能抑制某些细菌生长所必需的酶类，故有抑菌和杀菌作用；许多抗肿瘤药物能抑制细胞内与核酸或蛋白质合成有关的酶类，从而抑制瘤细胞的分化和增殖，以对抗肿瘤的生长；硫氧嘧啶可抑制碘化酶，从而影响甲状腺素的合成，故可用于治疗甲状腺功能亢进等。

白化病

白化病是一种较常见的皮肤及其附属器官黑色素缺乏所引起的疾病。这类病人通常是全身皮肤、毛发、眼睛缺乏黑色素，因此表现为眼睛视网膜无色素，虹膜和瞳孔呈现淡粉色，怕光，看东西时总是眯着眼睛。皮肤、眉毛、头发及其他体毛都呈白色或白里带黄。白化病属于家族遗传性疾病，为常染色体隐性遗传，常发生于近亲结婚的人群中。

维系生命的营养物质

WEIXI SHENGMING DE YINGYANG WUZHI

　　为了维持生命与健康，除了阳光与空气外，人类还必须摄取一些必要的营养物质。这些营养物质主要包括糖类、脂类、蛋白质、维生素、水等，它们和通过呼吸进入人体的氧气一起，经过新陈代谢过程，转化为构成人体的物质和维持生命活动的能量。所以，它们是维持人体的物质组成和生理机能不可缺少的要素，也是生命活动的物质基础。

　　因为这些营养物质主要存在于食物中，所以说饮食与健康密切相关，而合理膳食则是保持健康的重要一环。人们通过饮食获得所需要的各种营养素和能量，维护自身健康。合理的饮食充足的营养，能提高一代人的健康水平，预防多种疾病的发生，延长寿命，提高民族素质。不合理的饮食，营养过度或不足，都会给健康带来不同程度的危害。

人体必需的营养物质

　　现在，人们日益关心自己的营养和健康，已经不满足于温饱的生活，开始有了"微量元素"、"维生素"、"高蛋白"、"低脂肪"、"低糖量"这些生活追求。可是，在当今社会上，并非每个人都具有科学的保健知识，不少人的想法和做法多少带点盲目性，常常是人云亦云。例如，有人到处去寻找微量元素和维生素，有人在选购食品时一定要"高蛋白"和"低脂肪"。一时间，为了迎合这些时髦的追求，微量元素成了各种各样食品、饮料和营养品的必需添加剂。人们看到了各种各样言过其实的广告和宣传，认为只有服用含有微量元素、氨基酸、维生素等等的营养品，才能使人体得到足够的营养并保持身体健康。

怎样才能具有科学的营养知识呢？首先需要了解的是基础知识，就是人到底需要哪些营养物质。这一点与能量有着密切的关系。人的生存需要能量，包括维持人体生物化学反应所需要的化学能，保证这些反应能正常进行的人体环境所需要的热能（即要保持一定的体温）以及我们日常活动（劳动、体育活动等）所消耗的能量。国际卫生组织规定，人均日摄取热量应为 1 万千焦（等于 2400 千卡）。

这些能量是从哪里获得的？对正常人（不是病人）来说，它来源于食物中所含有的糖、脂肪、蛋白质（由氨基酸组成）、维生素、矿物质（包括微量元素）。

快速能源：糖

糖类是自然界分布最广的有机物，是生物体的重要成分。糖类约占人体干重的 2%，但是生命活动 70% 能量来自于糖类。人体主要的糖类是糖原和葡萄糖。葡萄糖是主要供能形式和运输形式，而糖原是糖类的贮存形式，以肝糖原和肌糖原含量最多。动物、植物和微生物都需要从淀粉、糖原或葡萄糖等氧化分解中获得生存所需的能量。1 克葡萄糖彻底氧化大约产生 17 千焦的能量。目前已知的葡萄糖在

白　糖

细胞内的分解主要有 3 条途径，即糖酵解、三羧酸循环和磷酸戊糖途径。此外，还有许多涉及其他类型糖的分解机制或途径，它们与上述 3 条途径都有密切的联系。

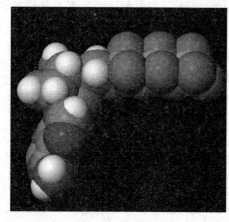

ATP

糖类的生物学功能

1. 作为能源物质

生物细胞的各种代谢活动，包括物质的分解和合成，都需要有足够的能量。其中，ATP 是糖类降解时，通过氧化磷酸化作用而形成的最重要的能量载体物质。生物细胞只能利用高能化合物（主要是 ATP）水解时释放的化学能来做功，以满足生长发育等所需要的能量消耗。

2. 作为合成生物体内重要代谢物质的碳架和前体

葡萄糖、果糖等在降解过程中除了能提供大量能量外，其分解过程中还能形成许多中间产物或前体，生物细胞通过这些前体产物再去合成一系列其他重要的物质，包括：

（1）乙酰 CoA、氨基酸、核苷酸等，它们分别是合成脂肪、蛋白质和核酸等大分子物质的前体。

（2）生物体内许多重要的次生代谢物、抗性物质，如生物碱、黄酮类等物质，它们对提高植物的抗逆性起着重要的作用。

糖蛋白

3. 细胞中结构物质

细胞中的结构物质如植物细胞壁等是由纤维素、半纤维素、果胶质等物质组成；甲壳质或几丁质为 N – 乙酰葡萄糖胺的同聚物，是组成虾、蟹、昆虫等外骨骼的结构物质。这些物质都是由糖类转化物聚合而成。

4. 参与分子和细胞特异性识别

由寡糖或多糖组成的糖链常存在于细胞表面，形成糖脂和糖蛋白，参与分子或细胞间的特异性识别和结合，如抗体和抗原、激素和受体、病原体和宿主细胞、蛋白质和抑制剂等常通过糖链识别后再进行结合。

▌▌▌ 人体中的糖

糖类广泛分布于生物体内，为植物光合作用的初生产物。糖类不仅是植物体内的贮藏养料，而且是生物合成其他有机化合物的前体。按照组成糖类成分的糖基个数，可将糖类分为单糖、低聚糖和多糖 3 类。

单糖类

单糖类通式（CH_2O）$_n$，是具有多羟基的醛（醛糖类）或酮（酮糖类）。现已发现的天然单糖有 200 多种，$n = 3 \sim 8$，而以五碳（戊糖）、六碳（己糖）单糖最多见。大多数单糖在生物体内呈结合状态，仅葡萄糖、果糖等少数单糖呈游离状态存在。

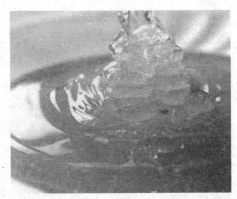

单 糖

单糖多呈结晶状态，有甜味，易溶于水，可溶于稀醇，难溶于高浓度乙醇，不溶于乙醚、氯仿和苯等低极性溶剂，具旋光性和还原性。

低聚糖类

低聚糖类由 2 ~ 9 个单糖分子聚合而成。目前仅发现由 2 ~ 5 个单糖分子组成的低聚糖，分别称为双糖（如蔗糖、麦芽糖）、三糖（如龙胆三糖、甘露三糖）、四糖（如水苏糖）、五糖（如毛蕊糖）等。在植物体内分布最广又呈游离状态的低聚糖是蔗糖。

低聚糖大多由不同的糖聚合而成，也可由相同的单糖聚合而成，如麦芽糖、海藻糖。

低聚糖与单糖类似，为结晶体，部分糖有甜味。易溶于水，难溶或不溶于有机溶剂。易被酶或酸水解成单糖而具旋光性。当分子中有游离醛基或酮基时，具有还原性，如麦芽糖、乳糖；当分子中没有游离醛基或酮基时，不具有还原性，如蔗糖、龙胆三糖。

麦芽低聚糖

多（聚）糖类

多（聚）糖类由 10 个以上单糖分子聚合而成，通常由几百甚至几千个单糖分子组成。由 1 种单糖组成的多糖，称为均多糖，通式为 $(C_nH_{2n-2}O_{n-1})_x$，x 可至数千。由 2 种以上不同的单糖组成多糖，称杂多糖。在多糖结构中除单糖外，还含有糖醛酸、去氧糖、氨基糖与糖醇等，且可有别的取代基。

多糖按功能可分为 2 类：①不溶于水的动植物的支持组织，如植物中的纤维素，甲壳类动物中的甲壳素等；②动植物的储藏养料，可溶于热水形成胶状

茯苓中含丰富的多聚糖类

溶液。随着科学技术的发展，不少多糖的生物活性被发掘并用于临床，如刺五加多糖、灵芝多糖、黄精多糖、黄芪多糖都可促进人体的免疫功能，香菇多糖具抗癌活性，鹿茸多糖可抗溃疡等。

多糖性质已大大不同于单糖，大多为无定形化合物，无甜味和还原性，难溶于水，在水中溶解度随分子量增大而降低，多糖被酶或酸水解，可产生代聚糖或单糖。

常见的多糖化合物有以下几种：

（1）淀粉为葡萄糖的高聚物，通式为 $(C_6H_{10}O_5)_n$。淀粉是植物体内贮藏的营养物质，具有一定的形态，通常为白色颗粒状粉末，不溶于冷水、乙醇及有机溶剂，在热水中形成胶体溶液，可被稀酸水解成葡萄糖，也可被淀粉酶水解成麦芽糖。

淀 粉

按淀粉的结构可分为2类：①胶淀粉，又称淀粉精，位于淀粉粒外周，约占淀粉的80%。胶淀粉为支链淀粉，由1000个以上D-葡萄吡喃糖以a-1,4连接，并带有a-1,6连接的支链，分子量5万~10万，在热水中膨胀成黏胶状，遇碘液呈紫色或红紫色。②糖淀粉，又称淀粉糖，位于淀粉粒中央，约占淀粉的20%。糖淀粉为直链淀粉，由约300个D-葡萄吡喃糖以a-1,4连接而成，分子量1万~5万，可溶于热水，遇碘液显深蓝色。淀粉通常无明显的药理作用，大量用作制取葡萄糖的原料，在制剂中常作为赋形剂、润滑剂或保护剂。淀粉粒的形态结构是生药显微鉴定的特征之一。

菊 糖

淀粉常用碘液反应来鉴定，即淀粉

遇碘液呈蓝紫色，加热后蓝色消失，冷却后蓝紫色复现。

（2）菊糖为约35个果糖以b-2,1连接而成，最后接葡萄糖。这种果聚糖广泛分布于菊科和桔梗科植物中。菊糖溶解于细胞液中，遇乙醇可形成球状结晶析出。能溶于热水，微溶或不溶于冷水，不溶于有机溶剂，遇碘液不显色。常用于肾功能检查。菊糖的形态结构可作为生药显微鉴定的特征之一。

树　胶

（3）树胶为高等植物干枝受伤或受菌类侵袭后自伤口渗出的分泌物，在空气中干燥后形成半透明的无定形固体。树胶的形成是由于细胞壁、细胞内含物质受酶的作用分解变质（树胶化）所致。主要分布于蔷薇科、豆科、芸香科与梧桐科等多种植物。

树胶是一种有分支结构的杂多糖，水解后产生L-阿拉伯糖、L-鼠李糖、D-葡萄糖醛酸等。糖醛酸常与钙、镁、钾结合成盐。

树胶在水中膨胀成胶体溶液，不溶于有机溶剂，与醋酸铅或碱式醋酸铅溶液产生沉淀。

常用的树胶有阿拉伯胶、西黄芪胶、杏胶、桃胶等，主要用作制剂的赋形剂、混悬剂、黏合剂和乳化剂。

（4）黏液质为存在于种子、果实、根、茎的黏液细胞和海藻中的一类黏多糖，是保持植物水分的基本物质，是植物正常的生理产物。如车前子胶是车前种子中的黏液质。

黏液质的组成与树胶相似，多为无定形固体。在热水中形成胶体溶液，冷后成冻状，不溶于有机溶剂，可与醋酸铅溶液产生沉淀。

果子中含有大量黏液质

（5）黏胶质为高等植物细胞间质的构成物质。如果胶是由 D – 半乳糖醛酸 a – 1，4 连接而成的直链化合物，具止泻作用。

锈棕色的菇表面有黏胶质

蔬菜中含有大量天然膳食纤维素

（6）纤维素与半纤维素，纤维素为 b – 1，4 相连的直链葡聚糖，半纤维素为酸性多糖，它们与木质素共同组成细胞壁。

（7）动物多糖。

①肝糖原：是动物的贮藏养料，存在于肌肉与肝脏中。其结构与胶淀粉相似，遇碘液呈红褐色。

②甲壳素：是组成甲壳类昆虫外壳的多糖。其结构与纤维素类似，不溶于水，对稀酸和碱都很稳定。甲壳素的水解产物葡萄糖胺是重要的合成原料。

③肝素：主要存在于肝与肺中，为高度硫酸酯化的左旋多糖。有很强的抗凝血作用，用于防治血栓形成。

④硫酸软骨素：为动物组织的基础物质，用以保持组织的水分和弹性，也是软骨的主要成分。它与肝素相似，在动物体内与蛋白质结合而存在。具有降低血脂活性。

⑤透明质酸：为酸性黏多糖，存在于眼球玻璃体、关节液、皮肤等组织中作为润滑剂，并能阻止微生物的入侵。

糖对人体健康的影响

碳水化合物，亦称糖类，是人体热能最主要的来源。它在人体内消化后，主要以葡萄糖的形式被吸收利用。葡萄糖能够迅速被氧化并提供（释放）能量。每克碳水化合物在人体内氧化燃烧可放出 4 千卡热能。我国以淀粉类食物为主食，人体内总热能的 60% ~ 70% 来自食物中的糖类，主要是由大米、面粉、玉米、小米等含有淀粉的食品供给的。这些碳水化合物是构成机体的成分，并在多种生命过程中起重要作用。如碳水化合物与脂类形成的糖脂是组成细胞膜与神经组织的成分，黏多糖与蛋白质合成的黏蛋白是构成结缔组织的基础，糖类与蛋白质结合成糖蛋白可构成抗体、某些酶和激素等具有重要生物活性的物质。人体的大脑和红细胞必须依靠血糖供给能量，因此维持神经系统和红细胞的正常功能也需要糖。糖类与脂肪及蛋白质代谢也有密切的关系。糖类具有节省蛋白质的作用。当蛋白质进入机体后，使组织中游离氨基酸浓度增加，该氨基酸合成为机体蛋白质是耗能过程，如同时摄入糖类补充能量，可节省一部分氨基酸，有利蛋白质合成。食物纤维是一种不能被人体消化酶分解的糖类，虽不能被吸收，但能吸收水分，使粪便变软，体积增大，从而促进肠蠕动，有助排便。

供给能量是糖的主要功能，也是构成神经与细胞的主要成分，成人平均每日每千克体重需糖 6 克。虽然脂肪每单位产热量较糖多 1 倍，但饮食中糖含量多于脂肪。糖是产生热能的营养素，它使人体保持温暖。人们常说"吃饱了就暖和了"就是这个道理。

糖在机体中参与许多生命活动过程。如糖蛋白是细胞膜的重要成分；黏蛋白是结缔组织的重要成分；糖脂是神经组织的重要成分。

当肝糖原储备较丰富时，人体对某些细菌的毒素的抵抗力会相应增强。因此保持肝脏含有丰富的糖原，可起到保护肝脏的作用，并提高了肝脏的正常解毒功能。

糖广泛分布于自然界中，来源容易。用糖供给热能，可节省蛋白质，而使蛋白质主要用于组织的建造和再生。

脂肪在人体内完全氧化，需要靠糖供给能量，当人体内糖不足，或身体不能利用糖时（如糖尿病人），所需能量大部分要由脂肪供给。脂肪氧化不完全，会产生一定数量的酮体，它过分聚积使血液中酸度偏高碱度偏低，会引起酮性昏迷。所以糖有抗酮作用。

糖中不被机体消化吸收的纤维素能促进肠道蠕动，防治便秘，又能给肠腔内微生物提供能量，合成维生素 B。

糖与疾病

在食品的调制中，糖能增甜味、风味和趣味，又是容易消化的热能来源，所以人特别喜爱甜食。但糖和甜食不宜吃得太多，吃得过多，非但无益，反而有害。

（1）糖与营养不足。每天若是吃糖或甜食较多，那么吃其他富含营养的食物就要减少。尤其是儿童，吃糖或甜食若过多，会使正餐食量减少，于是蛋白质、矿物质、维生素等反而得不到及时补充，以致营养不足。

（2）糖与龋齿。常吃糖食，为口腔内细菌提供了生长繁殖的良好条件，容易被乳酸菌作用而产生酸，使牙齿脱钙，易发生龋齿。

（3）糖与肥胖。吃糖过多，剩余的部分就会转化为脂肪，可带来肥胖的后果，且可导致肥胖病、糖尿病和高脂血症。

（4）糖与骨折。过多的糖使体内维生素 B_1 的含量减少。因为维生素 B_1 是糖在体内转化为能量时必需的物质，维生素 B_1 不足，大大降低了神经和肌肉的活动能力，因此，偶然摔倒易发生骨折。

（5）糖与癌症。实验研究证实，癌症与缺钙有密切联系，而能造成缺钙的白糖，被认为是造成某些癌症的诱发因素之一。

（6）糖与寿命。长期吃高糖食物的人，可造成营养不良，肝脏、肾脏都肿大，脂肪含量也增加，平均寿命将要缩短。

糖的合理补充

首先谈谈如何建立正确吃糖的习惯。吃糖的人，特别是爱吃糖的儿童，要纠正吃糖的习惯，吃糖时将糖嚼碎，尽量缩短糖在嘴里停留的时间；睡觉前更不应该吃糖，人入睡后，唾液停止分泌，没有清洁口腔的唾液，糖发酵产酸就更多，不利于牙齿的健康；吃完糖后，最好用白开水漱漱口，把口腔

的含糖量降到最低限度。

关于糖的合理食用量，由于人们生活习惯、饮食结构和劳动强度的不同，国内外营养学者在制定标准上有很大的差异。我国目前糖的供给量约占总需能量的60%～70%。即：成年人每日每千克体重约6～8克，儿童、青少年每日每千克体重约6～10克，1岁以下婴儿约12克。国外近几年比较一致的意见是：每日每千克体重控制在0.5克左右。也就是说，体重20千克的儿童，每日摄糖量为10克；体重60千克的成人，每日30克左右。以牛羊奶为主食的婴幼儿，也应注意少加糖，培养不嗜甜食的饮食习惯。

严格控制糖的摄入量，不会影响人体对糖的需求，因为除碳水化合物食品外，含糖的加工食品实在太多了。当你喝一杯咖啡或红茶，已摄入10～15克糖；吃一块甜点心，又获取了20克糖；再饮一瓶清凉饮料，又得到了30克糖。这些，就已足够机体1天之中对糖的需要量了。

在日常生活中，我们常用的白糖、砂糖、红糖都是蔗糖，是由甘蔗或甜萝卜（甜菜茎）制成的。制成糖以后，经过一番加工精炼就成为白糖。砂糖和绵白糖只是结晶体大小不同，砂糖的结晶颗粒大，含水分很少；而绵白糖的结晶颗粒小，含水分较多。它们都是纯碳水化合物，只供热能，不含其他营养素，但具有润肺生津、和中益肺、舒缓肝气的功效。红糖是没有经过高度提纯的蔗糖，它除了具备碳水化合物的功用可以提供热能外，还含有微量元素，如铁、铬和其他矿物质等。虽然其貌不扬，但营养价值却比白糖、砂糖高得多，每100克中含钙90毫克、含铁4毫克，均为白糖、砂糖的3倍。中医认为红糖性温味甘，入脾，具有益气、缓中、化食之功能，能健脾暖胃，还有止疼、行血、活血散寒的效用。我国的民族习惯，主张妇女产后吃些红糖，认为有补血活血的作用；在受寒腹痛时，也常用红糖姜汤来祛寒。

糖类与肿瘤

国外学者研究发现，摄入精制糖量与乳腺癌发生率有关。胃癌的死亡率与谷物摄取量呈正相关。但实际上并不是以高淀粉为主要膳食的国家胃癌患病率也就很高。

一些研究认为，膳食纤维与肿瘤呈负相关，膳食物质应主要以谷物、蔬菜及水果的摄取量为主。目前一致认为，纤维素能缩短食物残渣在肠道停留的时间，从而缩短致癌物在肠道的停留时间，也减少了致癌物质与肠壁接触的机会。许多纤维素有吸水性而增加粪便的体积和促进肠道蠕动。有些实验证明麸皮能降低某些化学物质的致癌作用，纤维素起保护作用，防止化学物质诱发肿瘤。有研究报告认为，吃低纤维素高脂肪膳食的人患结肠直肠癌的相对危险性高于吃低脂肪高纤维素的人。

糖类对肝病的治疗有什么作用

糖类（碳水化合物）是人体最重要的供能物质，在体内消化后，主要以葡萄糖的形式被吸收。葡萄糖迅速氧化，供应能量。糖类也是构成机体的重要原料，参与细胞的多种活动。例如糖类和蛋白质合成糖蛋白，是抗体、酶类和激素的成分。糖类与脂类合成糖脂，是细胞膜和神经组织的原料。糖类对维持功能有特别作用。糖类有解毒作用。肝糖原储备充足时，可增强抵抗力，食物供应足量糖类，可减少蛋白质作为供能的消耗。

肝脏是调节血糖浓度恒定的重要器官。肝脏原有糖原约占肝脏重量的 $5\% \sim 6\%$，成人平均约有糖原 100 克。当长时间大量摄入糖类食物后，肝糖原可达 150 克左右，健康胖者甚至可达 $150 \sim 200$ 克，当饥饿 10 余小时后，大部分肝糖原被消耗掉。

肝病患者应供给足量糖类，以确保蛋白质和热量的需要，促进肝细胞的修复和再生。肝内有足够糖原储存，可增强肝对感染和毒素的抵抗力，保护肝脏免遭进一步损伤，促进肝功能的恢复。但肝内糖原储存有一定限度，过多供给葡萄糖，也不能合成过多糖原，且须防止热量过剩而肥胖。

血糖过低或食欲消失时，可口服或静注葡萄糖。口服后葡萄糖经门脉吸收后直接入肝，较静脉输入更为有利。肝病患者若糖耐量降低，而血糖升高，有肝原性糖尿病时，则不宜静注葡萄糖，也不必口服葡萄糖。

动脉粥样硬化

动脉粥样硬化是一组动脉硬化的血管病中常见的最重要的一种，其特点是受累动脉病变从内膜开始。一般先有脂质和复合糖类积聚、出血及血栓形成，纤维组织增生及钙质沉着，并有动脉中层的逐渐蜕变和钙化，病变常累及弹性及大中等肌性动脉，一旦发展到足以阻塞动脉腔，则该动脉所供应的组织或器官将缺血或坏死。由于在动脉内膜积聚的脂质外观呈黄色粥样，因此称为动脉粥样硬化。

人体内的燃料：脂肪

脂质代谢的研究中最重要的内容是脂肪的代谢，目前影响人类健康的主要疾病——心血管疾病、高血脂、肥胖等都与脂肪代谢失调密切相关。因此本章重点阐述脂肪的代谢，即脂肪的分解代谢和合成代谢。

脂肪是生物体中重要的贮藏物质，它可为各种生命活动提供 2 倍以上于相同质量糖或蛋白质所产生的能量以及各种代谢中间物。动物体在糖源不足时，可利用食物中的脂肪或自身的贮脂作为能源物质。这要通过脂肪的分解代谢来实现。

脂肪首先经水解作用生成甘油和脂肪酸，这两种产物再按不同的途径进一步分解或转化为其他一些物质。

$$R_2-\overset{\overset{\displaystyle O}{\|}}{C}\!\!\mid\!\!O\quad H_2C-O\!\!\mid\!\!\overset{\overset{\displaystyle O}{\|}}{C}-R_1$$

脂肪 —水解→ 〈 甘油 → | 各自按不同的代谢途径分解或转化 |
　　　　　　　　 脂肪酸 →

脂肪的分解

脂肪的生物合成可分为 3 个部分：甘油的生成，脂肪酸的生成，甘油和脂肪酸组合成脂肪。

脂肪的概念

脂类是油、脂肪、类脂的总称。食物中的油脂主要是油和脂肪，一般把常温下是液体的称作油，而把常温下是固体的称作脂肪。脂肪所含的化学元素主要是 C、H、O，部分还含有 N、P 等元素。

脂肪是由甘油和脂肪酸组成的三酰甘油酯，其中甘油的分子比较简单，而脂肪酸的种类和长短却不相同。因此脂肪的性质和特点主要取决于脂肪酸，不同食物中的脂肪所含有的脂肪酸种类和含量不一样。自然界有 40 多种脂肪酸，因此可形成多种脂肪酸甘油三酯。脂肪酸一般由 4 ~ 24 个碳原子组成。脂肪酸分 3 大类：饱和脂肪酸、单不饱和脂肪酸、多不饱和脂肪酸。

脂肪在多数有机溶剂中溶解，但不溶解于水。

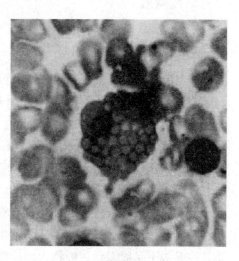

脂肪的结构

脂肪的种类

脂肪是甘油和 3 分子脂肪酸合成的甘油三酯。

（1）中性脂肪，即甘油三酯，是猪油、花生油、豆油、菜油、芝麻油的主要成分。

（2）类脂，包括①磷脂：卵磷脂、脑磷脂、肌醇磷脂。②糖脂：脑苷脂类、神经节苷脂。③脂蛋白：乳糜微粒、极低密度脂蛋白、低密度脂蛋白、高密度脂蛋白。④类固醇：胆固醇、麦角固醇、皮质甾醇、胆酸、维生素 D、雄激素、雌激素、孕激素。

在自然界中，最丰富的是混合的甘油三酯，在食物中占脂肪的98%，在身体中占28%以上。所有的细胞都含有磷脂，它是细胞膜和血液中的结构物，在脑、神经、肝中含量特别高，卵磷脂是膳食和体内最丰富的磷脂之一。4种脂蛋白是血液中脂类的主要运输工具。

生物体内的各种脂质，按其组成可分为：

单纯脂质

1. 三酰甘油

三酰甘油也称甘油三酯或笼统地称为脂肪，是一元高级脂肪酸与甘油（丙三醇）形成的酯类化合物。三酰甘油中的3个脂肪酸可以是相同的；但天然脂肪中，大多数的脂肪酸是不同的，故称为混合酸甘油酯。三酰甘油的化学结构通式如下图。式中 R_1、R_2、R_3 为各种脂肪酸的烃基。如果 R_1、R_2、R_3 相同，则称为单纯甘油酯；R_1、R_2、R_3 中有2个或3个不同者，则称为混合甘油酯。植物油和动物脂都是脂肪。大多数植物油如豆油、花生油等脂肪中不饱和脂肪酸含量超过70%，具有较低的凝固点或熔点，在常温时为液体，故统称为油。动物油脂如猪油、羊油中，不饱和脂肪酸含量低，凝固点比较高，在常温下呈固态，一般称为脂。脂肪中的重要脂肪酸主要是十六碳和十八碳的饱和或不饱和脂肪酸。油脂含不饱和脂肪酸的多少，一般可以用碘值、饱和度、油酸、亚油酸的数值来表示。不同种类的油脂所含的脂肪酸是不相同的。至于同一种的油脂由于动物或植物的品种不同或生长等情况不同也有差别。因此，下表中所列的数值并不是常数。

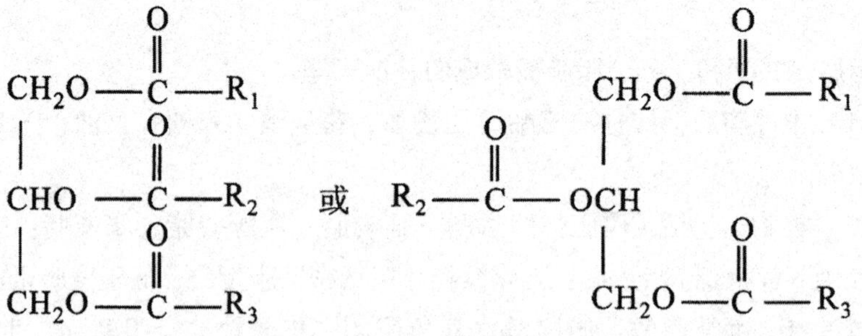

三酰甘油的结构通式

天然油脂成分的主要指标

种类	碘值	饱和度/%	油酸/%	亚油酸/%
豆油	135.8	14	22.9	55.2
猪油	66.5	37.7	49.4	12.3
花生油	93	17.7	56.5	25.8
棉籽油	105.8	26.7	25.7	47.5
玉米油	126.8	8.8	35.5	55.7
可可油	36.6	60.1	37	2.9
向日葵油	144.3	5.7	21.7	72.6

复合脂质

2. 磷酸甘油酯

磷酸甘油酯又称甘油磷脂，是广泛存在于动物、植物和微生物中的一类含磷酸的复合脂质。磷酸甘油酯是细胞膜结构重要的组分之一，在动物的脑、心、肾、肝、骨髓、卵以及植物的种子和果实中含量较为丰富。最简单的磷酸甘油酯结构如下图：

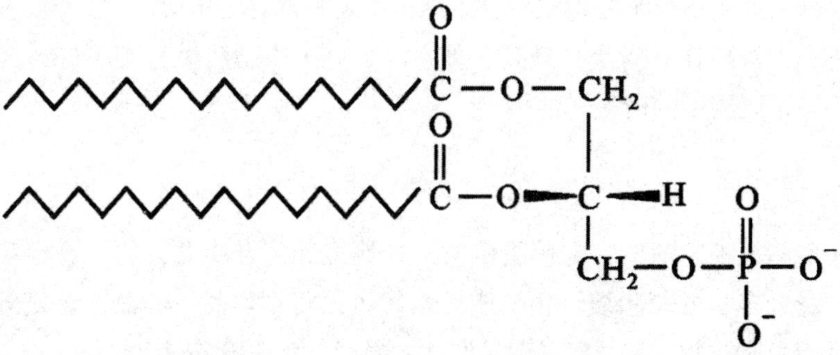

非极性尾   极性头

磷酸甘油酯结构

$$NH_2-CH_2-CH_2OH$$
胆胺（乙醇胺）

脑磷脂(磷脂酰乙醇胺)

$$HO-CH_2-\overset{NH_2}{\underset{}{CHCOOH}}$$
丝氨酸

丝氨酸磷脂(磷脂酰丝氨酸)

$$(CH_3)_3N^+-CH_2-CH_2OH$$
胆碱

卵磷脂(磷脂酰胆碱)

磷脂酰肌醇

几种重要的磷脂酰化合物

从上述磷酸甘油酯结构可知，甘油 C_1 和 C_2 上的羟基被脂肪酸（R_1、R_2）所酯化，成为疏水性的非极性尾，C_3 位置上的 1 个羟基与 1 个磷酸形成 1 个磷酸酯，因此成为亲水性的极性头。如果磷酸基团上另一端上的羟基 H 被一些含氮碱基所取代，则形成一系列不同的磷酸甘油酯化合物。例如，当 X 为胆碱、乙醇胺、丝氨酸、肌醇时，分别形成磷脂酰胆碱、磷脂酰乙醇胺、磷脂酰丝氨酸、磷脂酰肌醇（PI）。因为这些含氮碱基一般是亲水性的胆碱或胆胺，所以带有这些基团的磷酸甘油酯实际上也是一个亲水脂质或称极性脂质。各种磷酸甘油酯的差别就在于其极性头的大小、形状和电荷差异。它们的这种两性脂质分子在构成生物膜结构中具有重要的作用。

每一种磷酸甘油酯并非只有一种，由于分子内脂肪酸种类不同，因此会形成许多不同类型的磷酸甘油酯。

3. 鞘磷脂

鞘磷脂或神经鞘磷脂是鞘脂质的一种典型的复合脂质，它是高等动物组织中含量最丰富的鞘脂质。鞘磷脂经水解可以得到磷酸、胆碱、鞘氨醇、二氢鞘氨醇及脂肪酸。鞘氨醇是鞘磷脂的主链骨架，是含有 2 个羟基的 18 个碳胺类。鞘磷脂的主链也有几种，如哺乳动物的鞘脂质以鞘氨醇和二氢鞘氨醇为主要成分。

已发现的鞘氨醇类有几十种，它们的碳原子和羟基数目均有变化。鞘氨醇的氨基与长链脂肪酸（C 18～26）的羧基形成一个具有 2 个非极性尾部的化合物，称为神经酰胺。在神经酰胺分子中，鞘氨醇第一个碳原子上的羟基进一步与磷酰胆碱或磷酰乙醇胺形成磷酸二酯，这种磷脂化合物称为（神经）鞘磷脂。鞘磷脂有 2 条长的碳氢链，一条是由鞘氨醇组成的有 14～18 碳的碳氢链；另一条为连接在氨基上的脂肪酸，如棕榈酸、掬焦油酸和神经酸等。虽然鞘磷脂在结构上类似于磷酸甘油酯，但差异是鞘磷脂上脂肪酸是连接在鞘氨醇的氨基上。

$$CH_3(CH_2)_{12}—CH_2—CH_2—CH—CH—CH_2OH$$
$$\qquad\qquad\qquad\qquad\qquad OH\quad NH_2$$

二氢鞘氨醇

鞘氨醇

神经酰胺

鞘磷脂

鞘磷脂的基本结构

其他脂质

1. 萜 类

萜类是异戊二烯的衍生物。根据异戊二烯的数目，可将萜类化合物分为单萜、倍半萜、二萜、三萜和四萜等等。萜类呈线状，有的是环状，或两者兼有。相连的异戊二烯有头尾相连，也有尾尾相连。属于直链萜类的视黄醛存在于动物的细胞膜上，它是脊椎动物视网膜上发现的一种维生素 A 的衍生物。在高等植物叶片中存在着一种二萜化合物——叶绿醇，它是叶绿素的组成成分。胡萝卜素是四萜化合物，也大量存在于植物的各个器官内。此外还有多聚萜类，如天然橡胶等。维生素 A、维生素 E、维生素 K 等都属于萜类。

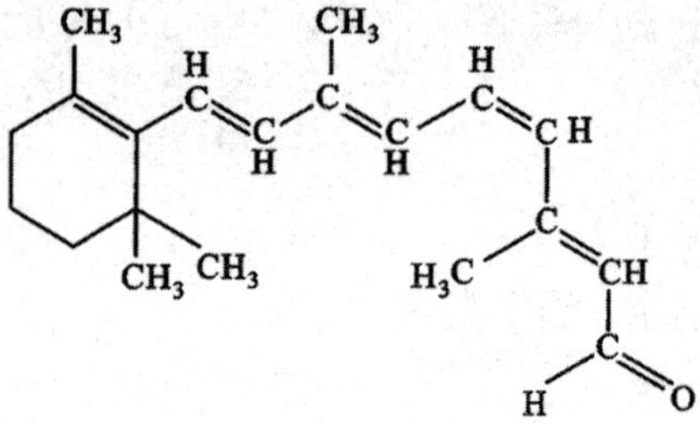

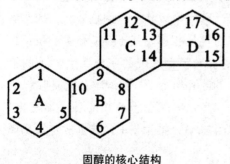

视黄醛

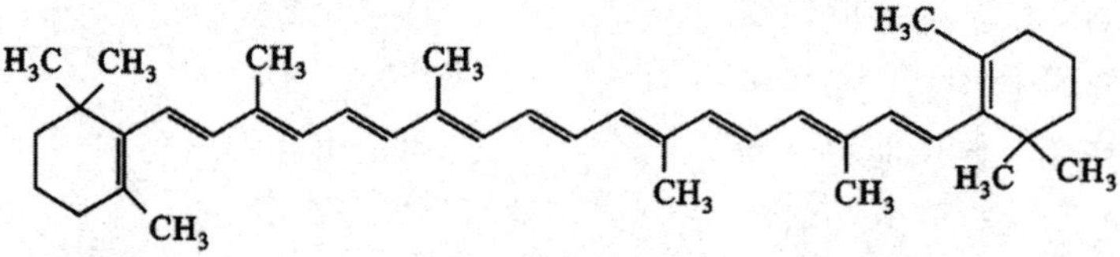

β-胡萝卜素

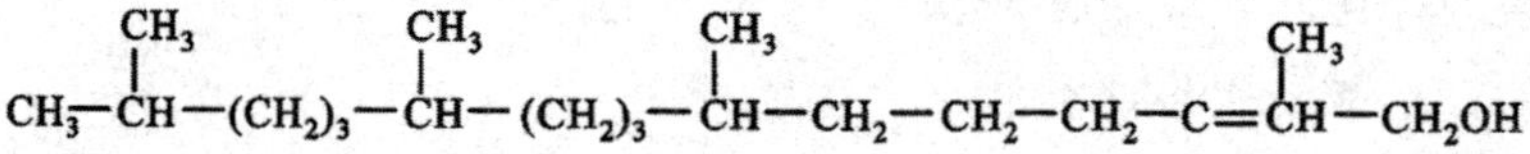

叶绿醇

动、植物中几种重要的萜类

2. 类 固 醇

类固醇是基于萜类脂质特性的另一类脂质化合物，主要存在于真核细胞内，对细胞生理功能起着重要的作用。类固醇的基本结构是由 3 个六元环和 1 个五元环融合而成的。类固醇是以环戊烷多氢菲为核心结构的一类衍生物。

许多类固醇化合物在 10 和 13 位上含有甲基，在 3 位上含有羟基，在 17 位上含有 8 ~ 10 碳烷烃链。类固醇化合物广泛分布于真核生物中，有游离固醇、固醇酯 2 种形式。动物中的固醇以胆固醇为代表，植物固醇以麦角固醇为代表。

固醇的核心结构

（1）胆固醇。胆固醇是类固醇中最主要的一类固醇类化合物，存在于动物细胞膜及少数微生物中。胆固醇在神经组织中含量较多，在血液、胆汁、肝、肾及皮肤组织中也含有相当多的这类物质。生物体内的胆固醇有以游离形式存在，也有与脂肪酸结合而以胆固醇酯的形式存在。胆固醇与长链脂肪酸形成的胆固醇酯是血浆蛋白及细胞外膜的重要组分。胆固醇分子的一端有一极性头部基团羟基而呈现亲水性，分子的另一端具有烃链及固醇的环状结构而表现为疏水性。因此，胆固醇与磷脂质化合物相似，也属于两性分子。

胆固醇结构

（2）麦角固醇。麦角固醇主要存在于植物中，也是酵母及菌类的主要固醇。麦角固醇最初是从麦角中分离出来，因此而得名，属于霉菌固醇类；也可以从某些酵母中大量提取。虽然与动物胆固醇在结构上具有相似性，但植物胆固醇不会像动物胆固醇一样被人和动物有效地吸收，相反，被摄入的植物胆固醇可以抑制对动物胆固醇的吸收。

麦角固醇结构

人体中的脂肪

脂肪的生物功能

脂类物质具有重要的生物功能。脂肪是生物体的能量提供者。

脂肪也是组成生物体的重要成分，如磷脂是构成生物膜的重要组分，油脂是机体代谢所需燃料的贮存和运输形式。脂类物质也可为动物机体提供溶解于其中的必需脂肪酸和脂溶性维生素。某些萜类及类固醇类物质如维生素A、维生素D、维生素E、维生素K、胆酸及固醇类激素具有营养、代谢及调节功能。有机体表面的脂类物质有防止机械损伤、防止热量散发等保护作用。脂类作为细胞的表面物质，与细胞识别、种特异性和组织免疫等有密切关系。概括起来，脂肪有以下几方面生理功能。

（1）生物体内储存能量的物质并供给能量。1克脂肪在体内分解成二氧化碳和水并产生38千焦（9千卡）能量，比1克蛋白质或1克碳水化合物高1倍多。

（2）构成一些重要生理物质，脂肪是生命的物质基础，是人体内的三大组成部分（蛋白质、脂肪、碳水化合物）之一。磷脂、糖脂和胆固醇构成细胞膜的类脂层，胆固醇又是合成胆汁酸、维生素D_3和类固醇激素的原料。

（3）维持体温和保护内脏、缓冲外界压力。皮下脂肪可防止体温过多向外散失，减少身体热量散失，维持体温恒定。也可阻止外界热能传导到体内，有维持正常体温的作用。内脏器官周围的脂肪垫有缓冲外力冲击，保护内脏的作用。减少内部器官之间的摩擦。

（4）提供必需脂肪酸。

（5）脂溶性维生素的重要来源。鱼肝油和奶油富含维生素A、维生素D，许多植物油富含维生素E。脂肪还能促进这些脂溶性维生素的吸收。

（6）增加饱腹感。脂肪在胃肠道内停留时间较长，所以有增加饱腹感的作用。

脂肪的生物降解

在脂肪酶的作用下，脂肪水解成甘油和脂肪酸。甘油经磷酸化和脱氢反应，转变成磷酸二羟丙酮，纳入糖代谢途径。脂肪酸与 ATP 和 CoA 在脂酰 CoA 合成酶的作用下，生成脂酰 CoA，依靠在线粒体内膜肉毒碱上：脂酰 CoA 在转移酶系统的帮助下进入线粒体衬质，经 β－氧化降解成乙酰 CoA，在进入三羧酸循环彻底氧化。β－氧化过程包括脱氢、水合、再脱氢和硫解 4 个步骤，每次 β－氧化循环生成 $FADH_2$、NADH、乙酰 CoA 和比原先少 2 个碳原子的脂酰 CoA。此外，某些组织细胞中还存在 α－氧化生成 α 羟脂肪酸或 CO_2 和少 1 个碳原子的脂肪酸；经 ω－氧化生成相应的二羧酸。

萌发的油料种子和某些微生物拥有乙醛酸循环途径。可利用脂肪酸 β－氧化生成的乙酰 CoA 合成苹果酸，为糖异生和其他生物合成提供碳源。乙醛酸循环的 2 个关键酶是异柠檬酸裂解酶和苹果酸合成酶，前者催化异柠檬酸裂解成琥珀酸和乙醛酸，后者催化乙醛酸与乙酰 CoA 生成苹果酸。

脂肪的生物合成

脂肪的生物合成包括 3 个方面：饱和脂肪酸的从头合成，脂肪酸碳链的延长和不饱和脂肪酸的生成。脂肪酸从头合成的场所是细胞液，需要 CO_2 和柠檬酸的参与，C_2 供体是糖代谢产生的乙酰 CoA。反应有 2 个酶系参与，分别是乙酰 CoA 羧化酶系和脂肪酸合成酶系。首先，乙酰 CoA 在乙酰 CoA 羧化酶催化下生成，然后在脂肪酸合成酶系的催化下，以 ACP 作酰基载体，乙酰 CoA 为 C_2 受体，丙二酸单酰 CoA 为 C_2 供体，经过缩合、还原、

肉类中含有丰富的脂肪

脱水、再还原几个反应步骤，先生成含 4 个碳原子的丁酰 ACP，每次延伸循环消耗 1 分子丙二酸单酰 CoA、2 分子 NADPH，直至生成软脂酰 ACP。产物再活化成软脂酰 CoA，参与脂肪合成或在微粒体系统或线粒体系统延长成

C_{18}、C_{20}和少量碳链更长的脂肪酸。在真核细胞内，饱和脂肪酸在 O_2 的参与和专一的去饱和酶系统催化下，进一步生成各种不饱和脂肪酸。高等动物不能合成亚油酸、亚麻酸、花生四烯酸，必须依赖食物供给。

3 - 磷酸甘油与 2 分子脂酰 CoA 在磷酸甘油转酰酶作用下生成磷脂酸，在经磷酸酶催化变成二酰甘油，最后经二酰甘油转酰酶催化生成脂肪。

■■■ 脂肪与健康

脂肪营养价值的评定

1. 脂肪的供给量

脂肪无供给量标准。不同地区由于经济发展水平和饮食习惯的差异，脂肪的实际摄入量有很大差异。我国营养学会建议膳食脂肪供给量不宜超过总能量的 30%，其中饱和、单不饱和、多不饱和脂肪酸的比例应为 1∶1∶1。亚油酸提供的能量能达到总能量的 1%~2%，即可满足人体对必需脂肪酸的需要。

2. 营养学上根据以下 3 项指标评价一种脂肪的营养价值

①消化率。一种脂肪的消化率与它的熔点有关，含不饱和脂肪酸越多熔点越低，越容易消化。因此，植物油的消化率一般可达到 100%。动物脂肪，如牛油、羊油，含饱和脂肪酸多，熔点都在 40℃ 以上，消化率较低，约为 80%~90%。

②必需脂肪酸含量。植物油中亚油酸和亚麻酸含量比较高，营养价值比动物脂肪高。

③脂溶性维生素含量。动物的贮存脂肪几乎不含维生素，但肝脏富含维生素 A 和维生素 D，奶和蛋类的脂肪也富含维生素 A 和维生素 D。植物油富含维生素 E。这些脂溶性维生素是维持人体健康所必需的。

脂肪在人体化学反应中生成的疾病

1. 脂肪肝

脂肪肝是指肝脏内的脂肪含量超过肝脏重量（湿重）的5%。近几年来，脂肪肝发病率有不断上升的趋势，已成为一种临床常见病。

脂肪肝的发病机制复杂，各种致病因素可通过影响以下1个或多个环节导致肝细胞甘油三酯的积聚，形成脂肪肝：

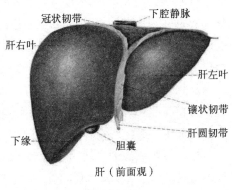

脂肪肝

①由于高脂肪饮食、高脂血症以及外周脂肪组织分解增加，导致游离脂肪酸输送入肝细胞增多。

②线粒体功能障碍，导致肝细胞消耗游离脂肪酸的氧化磷酸化以及 b 氧化减少。

③肝细胞合成甘油三酯能力增强，或从碳水化合物转化为甘油三酯增多，或肝细胞从肝窦乳糜微粒残核内直接摄取甘油三酯增多。

④极低密度脂蛋白（VLDL）合成及分泌减少导致甘油三酯转运出肝细胞发生障碍。

当①和③进入肝细胞的甘油三酯总量超过②和④消耗和转运的甘油三酯时，甘油三酯在肝脏积聚形成脂肪肝。

2. 高血脂

胆固醇是一种不含有脂肪酸的脂质，人体中由肝制造，是血脂和细胞膜的重要组成成分；同时，胆固醇还是合成许多重要物质的原料，是人体不可缺少的一种营养物质。虽然我们的身体需要有一定量的胆固醇来维持正常机能，但摄入过量含高胆固醇的食物会使血清中胆固醇的含量升高，结果造成了心血管疾病，危害了身体健康。

机体组织对胆固醇的需要是与脂蛋白的结合及运输联系在一起的。输送胆固醇的脂蛋白有2种，即低密度脂蛋白（LDL）和高密度脂蛋白（HDL）。低密度脂蛋白－胆固醇（LDL－胆固醇）被认为是动脉粥样硬化胆固醇，因为这种脂蛋白能使胆固醇向血管壁内转移，并使它们沉积在血管内壁中，促使动脉粥样硬化的形成，造成血管闭塞。因此，人们认为这些胆固醇是"坏"的胆固醇。相反，机体内高密度脂蛋白－胆固醇因能清除血管内的胆固醇，所以被认为是"好"的或"良性"胆固醇。

从预防冠心病发生的角度来看，体内理想的低密度脂蛋白－胆固醇水平应保持在3毫摩尔/升以下，低密度脂蛋白－胆固醇水平超过4毫摩尔/升，属于高危水平。

控制高胆固醇的方法是多运动，少吃高脂的食物，戒烟，定期检查身体，保持理想体重。所以高胆固醇血症的患者，应该提倡低胆固醇饮食。但过分忌食含胆固醇的食物，易造成贫血，降低人体的抵抗力，对身体反而不利。

生命运转必需品

过多的脂肪确实可以让我们行动不便，而且血液中过高的血脂，很可能是诱发高血压和心脏病的主要因素。不过，脂肪实际上对生命极其重要，它的功能众多，几乎不可能一一列举。要知道，正是脂肪这样的物质使细胞有了存在的基础，依赖于脂类物质构成的细胞膜，将细胞与它周围的环境分隔开。使生命得以从原始的浓汤中脱颖而出，获得了向更加复杂的形式演化的可能。因此毫不夸张地说，没有脂肪这样的物质存在，就没有生命可言。

法国人谢弗勒首先发现，脂肪是由脂肪酸和甘油结合而成。因此，可以把脂肪看做机体储存脂肪酸的一种形式。从营养学的角度看，某些脂肪酸对我们的大脑、免疫系统乃至生殖系统的正常运作来说十分重要，但它们都是人体自身不能合成的，我们必须从膳食中摄取。现在的研究还认为，大量摄入这些被称为多不饱和脂肪酸

脂肪将能量以脂肪细胞的形式储存起来

的分子，有助于健康和长寿。同时一些非常重要的维生素需要膳食中脂肪的帮助我们才能吸收，如维生素 A、维生素 D、维生素 E、维生素 K 等。

另外，由于脂肪不溶于水，这就允许细胞在储备脂肪的时候，不需同时储存大量的水，相同重量的脂肪比糖分解时释放的能量多得多。这就意味着，储存脂肪比储存糖划算。如果在保持总储能不变的情况下，将我们的脂肪换成糖，那么体重很可能至少会翻番，这取决于你的肥胖程度。我们的脊椎动物祖先，显然看中了脂肪作为超高能燃料的巨大好处，为此进化出了独特的脂肪细胞以及由此而来的脂肪组织，也埋下了今日我们肥胖的祸根。

高血压病

高血压病是指在静息状态下动脉收缩压和（或）舒张压增高的症状，常伴有脂肪和糖代谢紊乱以及心、脑、肾和视网膜等器官功能性或器质性改变。临床上很多高血压病人特别是肥胖型常伴有糖尿病，而糖尿病也较多的伴有高血压。

氨基酸与蛋白质

氨基酸

蛋白质在生命现象和生命过程中起着决定性的作用，而氨基酸则是组成蛋白质的基石。1820 年，化学家布拉孔诺用酸处理肌肉组织，得到了一种白色晶体，称为亮氨酸（一种氨基酸）。肌肉是含有蛋白质的物质，上面这个实验说明了蛋白质和氨基酸的必然联系。一个相反过程的实验，即蛋白质在水解时都生成各种氨基酸，有力地证明了各种氨基酸结合在一起组成了蛋白质。

氨基酸是兼含氨基和羧基的有机化合物，主要存在于蛋白质中，一般蛋白质是由 20 种氨基酸组成的，它们是甘氨酸、丙氨酸、缬氨酸、亮氨酸、异亮氨酸、丝氨酸、苏氨酸、半胱氨酸、甲硫氨酸（又称蛋氨酸）、天冬氨酸、天冬酰胺、谷氨酸、谷氨酰胺、赖氨酸、精氨酸、组氨酸、苯丙氨酸、酪氨酸、色氨酸、脯氨酸。在这 20 种氨基酸中，人体不能合成的是赖氨酸、甲硫氨酸、亮氨酸、异亮氨酸、缬氨酸、苏氨酸、苯丙氨酸和色氨酸，这些人体不能合成的、必须由外界供给（即必须从食物中摄取）以满足人体代谢需要的氨基酸称为必需氨基酸，共有 8 种。另外，人体虽然能够合成精氨酸和组氨酸，但合成的能力差，所合成的精氨酸和组氨酸不能满足人体的需要，因此也必须由外界供给，精氨酸和组氨酸称为半必需氨基酸。除了 8 种必需氨基酸和 2 种半必需氨基酸之外，其他的都称为非必需氨基酸。

除了上述常见的 20 种氨基酸之外，到目前为止，已发现的天然氨基酸有 700 多种，其中 240 多种以游离状态存在。氨基酸主要存在于蛋白质中，同时也是生物活性肽、酶和其他一些生物活性分子的重要组分，一些抗生素和细菌细胞壁也含有氨基酸。

氨基酸的功能并非仅仅在于在生物体内合成蛋白质，供动植物生存的需要，它们在工业生产中也大有用处，其中谷氨酸的钠盐即市售的味精，是一种广泛使用的调味品。蛋氨酸用做饲料添加剂。赖氨酸作为食品，特别是作为儿童食品的营养强化剂，已生产出添加赖氨酸的面包、饼干等。甘氨酸、天冬氨酸、苯丙氨酸都可用做食品工业中的甜味剂。

在食品工业中用量较大的氨基酸是半胱氨酸，它可做天然果汁的抗氧化剂，使果汁不易变质。半胱氨酸还能改善面包的风味和延长面包的保鲜期。在植物蛋白人造肉中，加入半胱氨酸等含硫的氨基酸，可以使人造肉具有牛肉和鸡肉的风味。色氨酸也是一种重要的营养强化剂。

用 20 种常见的氨基酸，可以配制各种医用氨基酸溶液，输液时为病人提供丰富的营养。以氨基酸为原料合成的生物活性肽，则是一种重要的

人造肉

药物。

由于氨基酸用途广，工业上发展了大量生产氨基酸的方法：

（1）提取法。利用等电点沉淀法或离子交换分离法，从蛋白质水解液中分离出各种氨基酸。

（2）发酵法。

（3）化学合成法。利用醛、氢氰酸和铵盐生产氨基酸。

（4）酶法。利用蛋白水解酶、氨基氧化酶等生产氨基酸，并进行分离。

蛋白质

蛋白质在过去称为朊，是由碳、氢、氧、氮 4 种元素构成的有机化合物（高分子化合物），有的蛋白质分子中还含有磷或硫。蛋白质的分子量一般为 6000～100 万，有的蛋白质的分子量比这个更大。

蛋白质是生物体内一切组织的基本成分。细胞内除了水之外，其他 80% 的物质都是蛋白质。它在生命现象和生命过程（包括有机体的运动、抵抗外来物质的防御功能、细胞的代谢调节）中起着决定性作用。

蛋白质中的色蛋白负责输送氧气；激素是一种蛋白质，它负责在新陈代谢过程中起调节作用；人体内到处存在的酶也是一种蛋白质，它对人体中发生的各种化学反应起着催化作用；抗体这种蛋白质能够预防疾病的发生。如果没有蛋白质的作用，脱氧核糖核酸和核糖核酸的复制、信息的转录、遗传密码的翻译等重要过程也都无法进行。

一般根据蛋白质分子的形状、化学组成、功能等对蛋白质进行分类。

（1）按形状分类可分为：①纤维蛋白。它的分子为细长形，不溶于水，丝、羊毛、皮肤、头发、角、爪、甲、蹄、羽毛、结缔组织等所含有的蛋白质都是纤维蛋白。②球蛋白。它的分子呈球形或椭球形，一般能溶于水或含有酸、碱、盐或乙醇的水溶液中，酶蛋白和激素蛋白都是球

烹调加工后蛋白质会失活

蛋白。

（2）按化学组成分类可分为：①简单蛋白。只由蛋白质本身，即只由多肽链组成的蛋白质。②结合蛋白。它是由蛋白质和非氨基酸物质（如核酸、脂肪、糖、色素等）结合而成的蛋白质，所以又称复合蛋白。蛋白质与核酸结合可生成核蛋白，蛋白质与糖结合可生成糖蛋白，蛋白质与血红素结合可生成血红蛋白。

（3）按功能分类可分为：①活性蛋白。如酶蛋白、激素蛋白能起酶和激素的作用。②非活性蛋白。如胶原蛋白、角蛋白、弹性蛋白。

蛋白质分子受某些物理因素（如热、紫外线、超声波、高电压等）和化学因素（如酸、碱、有机溶剂、重金属盐、尿素、表面活性剂）等的作用，会导致蛋白质丧失生物活性，称为蛋白质的变性，这是应该尽量避免的。

人造肉

人造肉又称大豆蛋白肉，它实际是一种对肉类形色和味道进行模仿的豆制品。人造肉主要靠大豆蛋白制成，因为其富含大量的蛋白质和少量的脂肪，所以人造肉是一种健康的食品。

维生素家族

维生素是人类和动物体生命活动所必需的一类物质，许多维生素是人体不能自身合成的，一般都必须从食物或药物中摄取。当机体从外界摄取的维生素不能满足其生命活动的需要时，就会引起新陈代谢功能的紊乱，导致生病。维生素缺乏病曾经是猖獗一时的严重疾病之一。例如，人体内维生素 C 缺乏会引起坏血病，维生素 B_1 缺乏会引起脚气病，都曾经是摧毁人类特别是海员和士兵的大敌。

但是，过量或不适当地食用维生素，甚至有些人把维生素当成补药，以致造成人体内某些维生素过多症，对身体也是有害的。因此，切莫把维生素看成是"灵丹妙药"。

到目前为止，已经发现的维生素可以分为脂溶性维生素、水溶性维生素 2 大类。在维生素刚被发现时，它们的化学结构还是未知的，因此，只能以英文字母来命名，如维生素 A、维生素 B、维生素 C。但是不久就发现，某些被认为是单一化合物的维生素原来是由多种化合物组成的，于是就产生了维生素族的命名方法。例如，原来认为维生素 B 是单一的化合物，后来知道它是多种化合物组成的，这样就需要用在维生素 B 的英文字母右下角加角标的方法来命名，这就是维生素 B_1、维生素 B_2、维生素 B_{12}、维生素 B_5、维生素 B_6。实际上，现在每一种维生素都已经有了它的学名（化学名称）。维生素还都有俗名，但不同国家所用的俗名差别很大，很不规范。

维生素 A_1

维生素 A_1 以游离醇或酯的形式存在于动物界。人体所需的维生素 A_1，大部分来自于动物性食物。在动物脂肪、蛋白、乳汁、肝中，维生素 A_1 的含量丰富。植物界中虽然不存在维生素 A_1，但维生素 A_1 的前体（维生素 A 原，由它可以产生维生素 A_1）却广泛分布于植物界，它就是 β – 胡萝卜素。植物性食物中的 β – 胡萝卜素在肠壁内能转变为维生素 A_1，因此含 β – 胡萝卜素的植物性食物也是人体所需维生素 A_1 的来源。

维生素 A_1 影响许多细胞内的新陈代谢过程，在视网膜的视觉反应中具有特殊的作用，而维生素 A_1 醛（视黄醛）在视觉过程中起着重要的作用。视网膜中有感强光和感弱光的两种细胞，感弱光的细胞中含有一种色素，叫做视紫红质。它是在黑暗的环境中由顺视黄醛和视蛋白结合而成的，在遇光时则会分解成反视黄醛和视蛋白，并引起神经冲动，传入中枢神经产生视觉。视黄醛在体内不断地被消耗，需要维生素 A_1 加以补充。

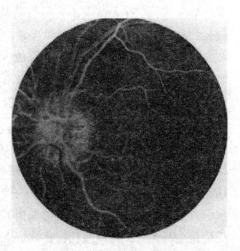

维生素 A 缺乏导致夜盲症

如果体内缺少维生素 A_1，合成的视紫红质就会减少，使人在弱光中的视力减退，这就是产生夜盲症的原因，所以维生素 A_1 可用于治疗夜盲症，例如中国民间很早就用羊肝治疗"雀目"（夜盲症）。

维生素 A_1 还与上皮细胞的正常结构和功能有关，缺少维生素 A_1 会导致眼结膜和角膜的干燥和发炎甚至失明。维生素 A_1 的缺乏还会引起皮肤干燥和鳞片状脱落以及毛发稀少，呼吸道的多重感染，消化道感染和吸收能力低下。

人体每天对维生素 A 的需要量为：成人（男）1000 微克，成人（女）800 微克，儿童（1~9 岁）400~700 微克。如果提供的是动物性食物中所含的维生素 A_1，数量可略低；如果提供的是植物性食物中所含的 β-胡萝卜素，则数量要略高。

维生素 B_1

酵母和谷物的果皮及胚中，维生素 B_1 的含量很高。实际上，一切植物和动物组织中都存在维生素 B_1。

维生素 B_1 为无色片状固体，248℃分解，能溶于水和乙醇，在酸性溶液中比较稳定，在碱性溶液中分解为硫色素，也容易被紫外线破坏。

临床上使用的维生素 B_1 是用人工方法合成的。另外还有 2 种维生素 B_1 的制剂：①新维生素 B_1，也称丙硫硫胺，比维生素 B_1 更容易被人体吸收；②呋喃硫胺，它在人体内不容易被硫胺分解酶分解掉，所以能在人体内存在较长的时间，成为一种长效的维生素。

哺乳动物消化道中的细菌能合成少量维生素 B_1，但在大多数情况下，哺乳动物几乎完全依靠食物中的维生素 B_1。某些鱼（如鲤鱼）体内有一种能分解维生素 B_1 的酶，称为硫胺素酶，因此，在那些吃大量生鱼的国家（如日本），人也可能发生维生素 B_1 缺乏症。

维生素 B_1 分布在人体的各种组织中，在肝、脑、肾和心脏中的量较多。缺乏维生素 B_1 会导致很多特征性的精神状态，包括抑郁、易激动、不能集中注意力和记忆力衰退等，也会使末梢神经系统发生变化，包括小腿肌肉触痛、部分麻木，肌肉（特别是下肢的肌肉）无力，感觉过敏。一般的维生素 B_1 缺乏症是全身无力，体重减轻，食欲缺乏和反胃等。

严重缺乏维生素 B_1 会引起脚气病，包括干燥型脚气病、心脏水肿型脚气病、湿型脚气病、大脑型脚气病。维生素 B_1 是治疗脚气病的最好药物，由于米糠中的维生素 B_1 含量特别高，因此多吃糙米，少吃或不吃精米，有助于增加体内的维生素 B_1，防止脚气病。维生素 B_1 还具有助消化的功能，它是胆碱酯酶的抑制剂，使乙酰胆碱不被水解，让乙酰胆碱发挥其增加胃肠蠕动和腺体分泌的作用。

人体每天的维生素 B_1 需要量为：成人（男子）1.2~1.6 毫克，成人（妇女）1.0~1.2 毫克，儿童（1~9 岁）0.4~

花生含有丰富的维生素 B_1

1.1 毫克。当工作紧张和劳动量加大时，就需要增加膳食中维生素 B_1 的摄入量。

维生素 B_2

维生素 B_2 存在于绿色蔬菜、黄豆、稻谷、小麦、酵母、肝、心和乳类中，最早是从乳中分离出来的。

维生素 B_2 为橘黄色针状晶体，在 278~282℃ 温度下分解，微溶于水，溶于乙醇、乙酸，在一般温度下对热稳定，在酸性溶液中也稳定，但在碱性溶液中或者暴露在可见光或紫外线下则是不稳定的。

黄豆芽含有丰富的维生素 B_2

在人体中，维生素 B_2 对于机体生长和生命活动都是很重要的。缺乏维生素 B_2 的早期症状一般表现为口和眼部位的疾病，嘴唇、口腔和舌头感到疼痛，并伴随着吃食和吞咽的困难。眼的病症包括畏光、流泪、眼睛发红和发痒、视觉疲劳、眼睑痉挛。嘴唇的病症，开始时为嘴角苍白和浸软，或者沿着闭合线出现干红和剥蚀，严重缺乏维生素 B_2 时，可发生溃烂，嘴角出现裂缝，称为唇损害。

人体每天对维生素 B_2 的需要量为：成人（男）1.2～1.4 毫克，成人（妇女）1.1～1.3 毫克，儿童（1～9 岁）0.6～1.5 毫克。

维生素 B_6

维生素 B_6 广泛存在于所有的动物和植物组织内，但浓度比较低。

香蕉中含有丰富的维生素 B_6

维生素 B_6 是无色晶体，可溶于水和乙醇，加热时稳定，但可被碱和紫外线分解。维生素 B_6 对神经活动有抑制作用，所以当缺乏维生素 B_6 时，会导致头痛、失眠甚至发生惊厥。维生素 B_6 的缺乏还会引起胃口不好、消化不良、呕吐或腹泻。

人体需要的维生素 B_6 较少，成人每日的需要量为 2 毫克左右，婴儿为 0.4 毫克左右，一般食物中已可提供。

维生素 B_{12}

维生素 B_{12} 存在于肝、酵母、肉类和鱼类中，主要来源于动物性食物，它在植物中的含量十分少，在高等植物中几乎完全没有维生素 B_{12}。

维生素 B_{12} 是一种非常复杂的有机化合物，美国化学家伍德沃德于 1973 年完成了人工合成维生素 B_{12} 的艰巨任务。在工业上，可用放线菌（如灰链霉菌）大量合成维生素 B_{12}。

维生素 B_{12} 是红色针状晶体，容易吸水，在空气中放置后约可吸收 12% 的水，但吸水后变得很稳定。它能溶于水和乙醇，在强酸、强碱作用下以及光照时是不稳定的。

维生素 B_{12} 对人体内合成蛋氨酸（一种氨基酸）起着重要的作用，蛋氨酸是合成蛋白质不可缺少的成分。维生素 B_{12} 在人体新陈代谢中的一个重要功能是保持一些酶中的硫氢基处于还原状态。缺乏维生素 B_{12} 时，糖的代谢被降

维生素 B$_{12}$ 口服液

低，也影响脂类的代谢。

人体内维生素 B$_{12}$ 的平均含量为 2 ~ 5 毫克，其中 50% ~ 90% 贮存在肝脏内，在机体需要时，将维生素 B$_{12}$ 释放到血液中，形成红细胞。因此，缺乏维生素 B$_{12}$，会导致恶性贫血。

人体每天约需 1 微克维生素 B$_{12}$，而人体每天可从食物中摄取 2 微克维生素 B$_{12}$，因此可以保证正常需要。只有在治疗贫血症、神经炎时，才需要维生素 B$_{12}$ 的药剂。

维生素 B$_5$

维生素 B$_5$ 存在于所有的动物和植物组织中，含量丰富的是酵母和肝脏，每 100 克酵母中含 20 毫克维生素 B$_5$，每 100 克肝脏中含 8 毫克维生素 B$_5$。

维生素 B$_5$ 对于胆固醇的合成、肾上腺的功能有明显的促进作用。缺乏维生素 B$_5$ 会得脚灼热综合征，这是发生在低营养人群中的疾病。维生素 B$_5$ 还可治疗褥疮、静脉曲张性溃疡和麻痹性肠塞。

维生素 B$_5$

维生素 C

维生素 C 以很高的浓度广泛存在于柑橘属水果和绿色蔬菜中，而各种新鲜蔬菜和水果中也都含有维生素 C，但它只存在于植物组织内，而不存在于种子里。植物和许多动物能利用葡萄糖醛酸合成维生素 C，但人却不能完成这一合成反应，因此，人体所需要的维生素 C 都来自于蔬菜和水果。

维生素 C 是无色晶体，熔点 190 ~ 192℃，其溶液显酸性，并有可口的酸味。它是一种强还原剂，在水溶液中或受热情况下很容易被氧化，在碱性溶液中更容易被氧化，是一种容易被多种条件破坏的维生素。

严重缺乏维生素 C 会引起坏血病，这是一种以多处出血为特征的疾病。成年人患坏血病后，一般会依次出现疲倦、虚弱、急躁和关节疼痛等症状，然后是体重减轻、齿龈出血、龈炎和牙齿松动，接着就会发生皮下微细出血，严重时可能导致结膜、视网膜或大脑、鼻子、消化道出血。

维生素 D

维生素 D 是一些抗佝偻病物质的总称，其中最重要的有 2 种：维生素 D_2 和维生素 D_3。

维生素 D 比较丰富的来源是鱼的肝脏和内脏，这些肝脏的油脂中含有维生素 D_3，通常所说的 "鱼肝油含有较多的维生素 D" 就是这个意思。

人的皮肤中含有 7 - 去氢胆固醇，它经过紫外线照射以后即转变成维生素 D_3，因此，多晒太阳可预防维生素 D 缺乏症。

维生素 D_2 和 D_3 都是无色晶体，不溶于水，能溶于乙醇。

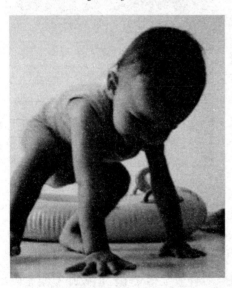

缺乏维生素 D 儿童易患软骨病

缺乏维生素 D 时，人体吸收钙和磷的能力降低，使血中的钙和磷的含量水平降低，钙和磷不能在骨骼组织中沉积，甚至骨盐也会溶解，阻碍了骨骼的生长。

儿童缺乏维生素 D 会得软骨病（又称佝偻病），主要症状是骨骼变形，首先是颅骨软化，包括颅骨突起、乳牙生长迟缓、胸软骨结合处增大、脊椎变形、长骨端增大和弯曲，最后佝偻病形成弓形腿和明显的走路时呈鸭步。

成年人缺乏维生素 D 会导致骨软化病，使骨骼逐渐变得稀疏，特别是盆骨、胸骨和四肢骨变形，四肢骨的骨质变薄，会产生自发性的骨折。老年性骨疏松症常会因人体稍受创伤而发生骨折。

在通常的气候条件下，只要接受阳光的照射，是足以能够满足成年人所需的维生素 D 的。只有在特殊情况下，特别是在没有阳光时，才需要从食物和鱼肝里补充维生素 D。现在市售的牛奶中也添加了维生素 D。儿童和老年人的每天食物中需要有 400 国际单位的维生素 D。

维生素 E

维生素 E 存在于许多植物（如大豆、麦芽等）中，特别是一些植物油（如玉米油、葵花子油、棉籽油）中的含量尤为丰富。牛奶、奶制品的蛋黄中也含有维生素 E。

维生素 E 是淡黄色油状物，沸点 200～220℃，不溶于水，溶于乙醇和脂肪。在没有空气的条件下，维生素 E 对热和碱都很稳定，在 100℃以下不和酸作用。维生素 E 容易被空气氧化。

维生素 E 是动物体内的强抗氧剂，特别是脂肪的抗氧剂。在生物体内，通过维生素 E 和化学元素硒的共同作用，

维生素 E

可以减少维生素 A 和不饱和脂肪酸的供给量。维生素 E 对糖、脂肪和蛋白质的代谢作用都有影响。

维生素 K

维生素 K 在自然界分布十分广泛，含量最丰富的是菠菜和洋白菜。另外，许多细菌（包括某些正常的肠道菌）能合成维生素 K。

维生素 K 对酸和热稳定，容易被碱分解，对光极为敏感，经光照射后就失去了活性。

维生素 K 的生理作用是在肝内控制凝血酶原的合成，并能促进某些血浆凝血因子在肝中的合成。维生素 K 分布于人体的各个器官，在心脏中的浓度

较高，对细胞的呼吸有利。

人体一般不缺乏维生素 K，食物中已有足够的量，而且维生素 K 还能由肠道内的细菌合成，这些被肠道内细菌合成的维生素 K 也可被吸收和利用。

维生素 PP

玉米种含有丰富的维生素 PP

维生素 PP 存在于各种食物，特别是肉、鱼和小麦中。玉米中的维生素 PP 是以不能被人体吸收的结合形式存在的，因此，维生素 PP 缺乏症主要发生在以玉米为主食的地区。

维生素 PP 是白色晶体，可溶于水，对热、光、空气和碱都稳定。

维生素 PP 缺乏是发生糙皮病的主要因素之一。糙皮病的症状是腹泻、皮炎和痴呆，对消化道的症状首先是出现舌炎和口腔炎，同时有食欲缺乏和腹疼的症状。

人体对维生素 PP 的每日需要量为：成人（男）16~17 毫克，成人（女）12~13 毫克，儿童（1~9 岁）6~14 毫克。

维生素 M

维生素 M 存在于所有的绿叶蔬菜以及肝脏、肾脏中。

人体缺乏维生素 M 会引起巨红细胞性贫血和白细胞减少，还可能引起智力退化和肠道吸收障碍。成年人每天维生素 M 的需要量约为 400 微克。

维生素 H

维生素 H 以低浓度广泛分布在所有的动植物中，在酵母、肝脏中的含量很高。

维生素 H 是无色针状晶体，微溶于水，能溶于乙醇，对热和酸、碱都稳定。

除了婴儿以外，维生素 H 缺乏症异常少见。婴儿缺乏维生素 H 所得的病症为皮脂漏皮炎和脱屑性红皮病。

夜盲症

夜盲症俗称"雀蒙眼"，是指在夜间或光线昏暗的环境下视物不清，行动困难。主要包括三类：

暂时性夜盲：由于饮食中缺乏维生素 A 或因某些消化系统疾病影响维生素 A 的吸收，致使视网膜杆状细胞没有合成视紫红质的原料而造成夜盲。这种夜盲是暂时性的，只要补充维生素 A 的不足，很快就会痊愈。

获得性夜盲：往往由于视网膜杆状细胞营养不良或本身的病变引起。常见于弥漫性脉络膜炎、广泛的脉络膜缺血萎缩等，这种夜盲随着有效的治疗、疾病的痊愈而逐渐改善。

先天性夜盲：系先天遗传性眼病，如视网膜色素变性，杆状细胞发育不良，失去了合成视紫红质的功能，所以发生夜盲。

科学获得营养素

当我们了解到，糖、脂肪、氨基酸、蛋白质、维生素、常量元素和微量元素是人体必需的营养物质之后，必然会提出这样的问题：我们从哪里获得这些营养素？对于这个问题，各人有自己的认识。

在商品市场的大潮中，各种新闻媒介出现了形形色色营养品的广告。绝大多数营养品的广告中宣传，其产品中含有人体必需的氨基酸、微量元素、维生素、生物活性物质等，对于人体的生长和发育，保持健康，防止衰老具有显著功效。于是，不少人相信，只有常吃营养品才是使人健康的必由之路。

另外一些人则认为，人们应该回归大自然，直接从食物中获取这些营养素。我们每天吃的粮食、鱼、肉、蛋、奶、蔬菜和水果中都含有各种各样的微量元素，加在一起也可称得上品种齐全，只要把各种食物搭配得好，人体便不会缺少微量元素。所以，摄取和加强营养的最佳途径是：①选择新鲜食物；②达到平衡膳食。

从新鲜食物中选择营养

随着农、林、牧、副、渔业的发展，为人们提供了丰富多彩的食物，里面包含了各种各样的营养物质，足够我们全面的享用。

1. 谷类的营养价值

谷类主要包括大米、小麦、大麦、玉米、小米、高粱等。

谷类中所含的糖主要是淀粉，但它在发生一系列水解反应之后，最后转变为葡萄糖，容易被人体吸收和利用。

谷粒外层的蛋白质含量较高，因此，经过精加工的谷物（如精米、富强粉等），其中的蛋白质损失较多，因此不应提倡食用精米和精白面。谷类蛋白质中所含的必需氨基酸不够完全，赖氨酸、苯丙氨酸和蛋氨酸偏低，可以采用与鱼、肉、蛋或豆类进行互补和混合食用。也可采用强化的方法，往大米和面粉中添加赖氨酸。

谷物中脂肪含量不多，矿物质主要是磷和钙，但它却是维生素 B 的重要来源，这些维生素 B 大部分集中在胚芽和谷皮里，因此精米和精白面中维生素 B 只有原来含量的 10% ~ 20%，而米糠中的维生素 B 含量却很丰富，因此糙米的营养价值比白米高。

2. 豆　类

豆类可分 2 种类型：①以含蛋白质和脂肪为主的大豆；②以含蛋白质和糖为主的各种杂豆（如绿豆、豌豆、蚕豆等）。

大豆含的营养素全面而且丰富，大豆与等量的瘦猪肉相比，蛋白质为猪肉的 2 倍多，钙为 33 倍多，磷为 3 倍，铁为 27 倍。

大豆的蛋白质质量也很好，它含有人体所需的各种氨基酸，特别是赖氨酸这种在米、面等谷物中比较少的氨基酸，大豆中却比较多，所以大豆和粮食混食，通过氨基酸的互补，能显著提高粮食和大豆的营养价值。

大豆含脂肪多，豆油是我国人民的主要食用油之一，含有多种人体必需的不饱和脂肪酸，尤以亚麻油酸的含量最为丰富。

大豆还含有丰富的维生素 E、胡萝卜素和磷脂，对降低血中的胆固醇有益。

大豆不易被消化，因此习惯上都食用豆制品。豆浆的蛋白质利用率可达90%，含铁2.5毫克/100克，是牛奶含铁量的25倍。豆腐是我国古老的传统食品，含蛋白质和脂肪较高，蛋白质的消化率可达92%～96%，钙和镁的含量也比较高，质地柔软，不含胆固醇，对胃病、高血压症、糖尿病人更为适宜。

3. 蔬菜和水果

蔬菜和水果是维生素的宝库，几乎是维生素 C 的惟一来源，也是胡萝卜素（能在人体内转变为维生素 A）、维生素 B_2、维生素 B_1 等的重要来源，另外，蔬菜和水果中还存在着矿物质和多种多样的微量元素，还有含量不算丰富的糖、脂肪和蛋白质，营养价值是很全面的。

所有蔬菜都含维生素 C，含量最多的是辣椒。一般来说，叶菜的维生素 C 含量都比较高。

含胡萝卜素最多的菜是绿叶菜和一部分带黄色的菜，不带颜色的菜如冬瓜等的胡萝卜素含量低。维生素 B_2 在许多食物中的含量不多，因此蔬菜中所含的维生素 B_2 是其重要来源。

蔬菜中含多量纤维素（粗纤维），它虽然不能被人体吸收，也没有营养价值，但它能有效地增加食物消化残渣的体积和重量，即增加粪便的体积和重量，使粪便在肠道内运行加快，并及时兴奋肠道蠕动排便，对于防治结肠疾病（如结肠溃疡、结肠癌）、动脉粥样硬化和胆石症很有好处。

水果主要含有糖、维生素、矿物质、有机酸和果胶。水果中的糖是葡萄糖、果糖和蔗糖，在人体内都转变为葡萄糖，容易被人体吸收，提供能量。

水果中的维生素含量非常丰富，含量最多的是维生素 C，尤其以鲜枣、山楂、柑橘、柠檬、柚子中维生素 C 含量高。红黄色的水果，如柑橘、杏、菠萝、柿子等含有较多的胡萝卜素，在人体内能转化为维生素 A。

水果中含有多种有机酸（如柠檬酸、酒石酸和苹果酸等）、果胶和纤维素，它们能增进食欲、帮助消化，果胶可以帮助排除多余的胆固醇。因此，常吃和多吃水果对人体有益。

4. 肉 类

肉类可分畜肉、禽肉2大类。畜肉包括猪肉、牛肉、羊肉、兔肉等；禽肉包括鸡肉、鸭肉、鹅肉等。

肉类的蛋白质中所含的氨基酸几乎包括全部必需氨基酸，是营养最丰富的蛋白质。肉类蛋白质的含量为 $10\% \sim 20\%$，瘦肉含蛋白质比肥肉多。瘦猪肉含蛋白质 $10\% \sim 17\%$，肥猪肉含 2.2%，瘦牛肉含 20% 左右，肥牛肉含 15.1% 左右，瘦羊肉含 17.3%，肥羊肉含 9.3%，鸡肉含 23.3%，鸭肉含 16.5%，鹅肉含 10.8%。内脏中的蛋白质含量都比较多，如猪肝、牛肝、羊肝含蛋白质 21% 左右，鸡肝、鸭肝、鹅肝含 $16\% \sim 18\%$。

肉类蛋白质是动物性蛋白，它与谷类、豆类的植物性蛋白混合食用，可互相补充，提高营养价值。

肉类脂肪的平均含量为 $10\% \sim 30\%$。其中，饱和脂肪酸含量较高，不易被人体吸收；胆固醇含量也较高，内脏的胆固醇含量则更高，因此，高血脂的高血压患者不宜多吃肥肉。

肉类中还含有维生素 B_1、维生素 B_2，肝脏中含维生素 D、维生素 B_{12}、维生素 M 等。肉类中的糖含量很低，平均为 $1\% \sim 5\%$。

5. 蛋 类

蛋类是营养价值很高的食物，它的蛋白质中所含的氨基酸包括了人体所需的8种必需氨基酸，是品种最全的。蛋类中所含的蛋白质容易被消化和吸收，在胃内停留的时间很短，但消化率在95%以上。

蛋的食用部分为蛋清和蛋黄，蛋清中除水分外，几乎全为蛋白质。蛋黄则含有多种成分，有卵磷脂、蛋黄磷蛋白质、蛋黄素、胆固醇；其中胆固醇含量很高，一个鸡蛋黄中含 $200 \sim 300$ 毫克胆固醇。蛋中还含有钙、磷、铁，维生素 A、维生素 D、维生素 B_1、维生素 B_2 等。一般来说，每人每天食用2个鸡蛋，所获的营养就不少了。

6. 水产类

水产类食物指鱼、虾、蟹、蛤等，特点是味道鲜美、营养丰富。

鱼类含蛋白质 15%～20%，蛋白质含人体所需的必需氨基酸，是优质的蛋白质。鱼肉蛋白质的组织松软，比肉类蛋白更容易被消化吸收，对于体弱者、病人、儿童和老年人特别适合。虾的蛋白质含量最高，可达 20%。

鱼类含脂肪 1%～10%，但鳊鱼脂肪含量可达 15%，鲥鱼可达 17%。鱼类的脂肪主要由不饱和脂肪酸组成，质量高，容易被消化，消化率可达 95% 左右。虾、蟹、蛤的脂肪较少，为 1%～3%。

鱼肝的脂肪中含有极丰富的维生素 A 和维生素 D，鱼肉还含有维生素 B_1，虾和蟹中的维生素 A 较多。

鱼类中含钙、磷、钾达 1%～2%，比其他食物多，食后对壮骨有益。

7. 油　脂

油脂是食物中重要的能量来源，尤其是进行体力劳动和体育锻炼较多时，油脂更是不可缺少的营养。在油脂中，以植物油所含的必需脂肪酸最多，鱼油次之，猪油、牛油、羊油中含量最少。在植物油中，尤以向日葵油、核桃油、豆油、菜子油中的必需脂肪酸含量最多。

维生素 A、维生素 D、维生素 E、维生素 K 都能溶解在油脂里，而且随同油脂一起被消化和吸收，如果食物中缺少油脂，这几种维生素的吸收就会受到很大的影响。

动物油含饱和脂肪酸多，含胆固醇也高，吃多了能使血液中胆固醇含量增高，是诱发动脉粥样硬化的重要因素之一。植物油中不饱和脂肪酸多，不含胆固醇，而且多吃植物油还有助于降低血液中胆固醇含量。

花生和玉米最容易感染黄曲霉素，在温度和湿度适宜时，特别是花生霉烂时，能产生很多黄曲霉素，它对人体有毒，也可能致癌。因此食油加工部门应有足够的重视，在花生油和玉米油加工时不应混入含黄曲霉素的油料。

油脂和含油食品存放时间长了会出现一股怪味，俗称"哈喇味"，这是油在氧气、热、光、微生物作用下发生氧化和分解造成的。因此，我们应该尽量吃新鲜的植物油，油应该在短时间内吃完。

油脂在反复高温加热后，部分脂肪分解为脂肪酸和甘油，进一步又会产生具有强烈刺激性的丙烯醛、烃等，它们能刺激胃肠黏膜。所以用于炸食物的油不能多次反复高温使用而且不能用存放时间过长的油。

8. 乳和乳制品

牛奶的组成受品种、牛的年龄、季节和饲料等的变动，成分有所变化，其中脂肪含量变化大，蛋白质次之，乳糖的含量则很少变化。在牛奶中，蛋白质总含量为 2.7% ~ 3.3%，其中酪蛋白占 78%，白蛋白占 10%，球蛋白占 6%，其他低分子蛋白占 6%。

牛奶中含脂肪 3% ~ 5%，其中 97% ~ 98% 为甘油三酸酯，呈微粒状分散在奶中，因此牛奶是一种乳浊液。

牛奶中乳糖含量 4%，还含维生素 A、维生素 D、维生素 E、维生素 K、维生素 B_1、维生素 B_2、维生素 C、维生素 B_6、维生素 B_{12}，以及钾、钠、钙、镁、磷、硫、氯、锰、钼、锌、碘等元素。因此牛奶可以算是营养十分全面的食物，它也是很容易被消化和吸收的。在经济发达的国家，牛奶的平均用量是很高的。

乳制品的种类比较多：①干酪。由牛奶中加入发酵剂和凝乳酶，使牛奶凝固，除去乳清，再经压制成型和发酵成熟而制成，所含的蛋白质和脂肪量为牛奶的 10 倍，容易消化和吸收。②奶油。牛奶经过离心分离后得到的稀奶油，再经杀菌、搅拌、压炼而制成。脂肪含量在 80% 以上。③炼乳。由牛奶浓缩而成。④奶粉。将牛奶经干燥而制成的粉末状产品。

提倡平衡膳食

在我们能获得的食物中，可以说没有任何一种食物能够含有人体所需的所有营养素，人只吃单一品种的食物是不能维持身体健康的，我们必须把不同的食物搭配起来食用。

我们提倡平衡膳食，就是要求膳食提供的各种营养素不但要充足，而且营养素之间要保持合理的比例关系。另外，还要根据年龄大小、气候等特点选择膳食，并且安排合理的膳食制度。

1. 主、副食搭配

主食的作用是供给人体热能。对我国来说，主食主要是粮食。

粮食的种类很多，它们所含的营养素也互不相同，最好做到多品种和粗细粮搭配，以提高营养价值。例如小米和面粉的赖氨酸含量最少，而白薯和马铃薯的赖氨酸则较多；小米中的色氨酸较多。又如精米和白面好吃，但米和小麦中所含的维生素（如维生素 B_1）、矿物质和粗纤维等都存在于种子的皮层和胚内，碾磨得越精越白，营养素损失得越多，所以"食不厌精"的说法实在不可取。

按照多品种、粗细搭配、少吃精米白面的原则选择主食，对于健康肯定是有益的。

随着人民生活水平的日益提高，在我们的餐桌上，副食大大地丰富起来。但是，挑选什么副食，应该说最重要的标准是全面，必须把鱼、肉、蛋、奶、蔬菜、豆类、水果搭配起来，才能谈得上全面营养。

2. 荤素搭配

这个道理人人皆懂，要做起来就不怎么容易了。许多动物性食物（荤菜）是酸性的，若只吃鱼、肉，就会使人体内酸性物质过多，造成人体内酸碱失去平衡，严重的还会出现酸中毒。不少蔬菜、豆类是碱性的，正好能和动物性食物的酸性中和，使人体保持酸碱平衡。

动物性食物中蛋白质、脂肪含量高，相对来说，维生素含量少，尤其是维生素 C 更是特别缺乏。蔬菜和水果几乎是维生素 C 的惟一来源，还含有其他维生素和纤维素。动物性食物和植物性食物经过合理搭配，就能达到平衡膳食。

现在，人们已经逐步认识到，胖并不是健康的标志。虽然造成发胖的原因很多，但是，不少胖人都是喜欢吃肉，少吃甚至不吃蔬菜。

当然，要做到荤素搭配，还得克服一个"馋"字，这也不容易做到。

另外，人们的副食丰富了，也不能完全靠副食来填饱肚子，因为这样做又缺少了粮食中的营养素，也达不到平衡膳食。

3. 生熟搭配

中国人的习惯是多吃炒熟了的蔬菜，而欧美人的习惯则是蔬菜生吃。到底那一种吃法好？这还要从蔬菜的性质说起。

蔬菜中的维生素 C 和维生素 B 在受热时很容易被破坏，因此生吃新鲜蔬

菜，可以摄取更多的维生素。

可是，人们的习惯总是不容易改变的，因此我们在烹调蔬菜时，最好的办法是旺火急炒，尽量不要把蔬菜炒烂了。另外，新鲜蔬菜炒熟后，往往要出不少汤，很多人总是光吃菜，不喝菜汤，殊不知菜汤里溶解了很多维生素，倒掉了实在可惜。

当然，作为蔬菜的补充，多吃水果也是增加营养的好办法，人人都要养成吃水果的习惯。

4. 一日三餐不可少

平衡膳食要求有合理的膳食制度。人一天吃几次饭，是根据人体在一天中消耗能量的需要和消化规律来确定的。在日常生活中，我们的工作、劳动、学习、娱乐和体育锻炼以及休息都有一定的安排和规律，因此，进食也应该和这些规律相适应，才能使食物释放的能量和所含的营养及时满足人体的需要。

一日三餐是有科学根据的，而"早上吃得饱、中午吃得好、晚上吃得少"则是有益的经验之谈。

胃肠的消化能力有一定的限度，超过这个限度，不但食物不能充分消化和吸收，而且会增加胃肠的负担，对胃肠有损害。一般混合的食物在胃中停留时间约为 4~5 小时，因此以每天吃三顿饭的间隔时间为适宜。

"一日三餐"看起来不难做到，可是，例外的却大有人在。有一种人没有吃早饭的习惯，他不了解早点对于身体健康和提高工作效率是大有好处的。食物经过一夜消化，胃内食物基本排空，如果得不到补充，其后果是可想而知的。

还有一些人是"中午吃得差，晚上吃得好"。当然，不少人受到条件的限制，中午没有足够的时间做饭，于是就凑合着填饱肚子，甚至拿方便面充饥，天长日久肯定对健康有害，而且会降低下午的工作效率。

还有一些人，下班回家以后，有了足够的时间，于是做上一顿丰盛的晚餐，而且晚餐的时间很晚，与午餐间隔的时间特别长。这样做也不符合科学，因为晚餐以后，稍作娱乐和休息以后，就要进入睡眠时间，如果把一天所需要的丰富的营养都集中在这个时间吃进去，就不符合胃肠消化的规律了。

因此，每一个人都要根据个人的条件安排一日三餐，但是，"早上吃得饱，中午吃得好，晚上吃得少"这个原则应该坚持。

5. 四季膳食调配

一年四季气候（特别是气温）的变化对于人体生理活动有一定的影响。天气炎热时，人体受内热和外热的影响，皮肤血管舒张，汗分泌增加，呼吸加快，应注意散热；天气寒冷时，又要保持体温，使体内产生热量。四季的膳食安排就要有所变化。

冬季蔬菜的品种比较少，人体摄取的维生素不足，因此在春季应多吃新鲜蔬菜，特别是绿叶菜。

夏天气温升高，天气炎热，人的食欲降低，消化力减弱，可适当减少肉类，多吃鱼、蛋、豆制品以及凉拌菜、水果等，还要吃一些杀菌的蒜、芥末。

秋季逐渐凉爽，食欲提高，因此各种食物都要搭配着吃，以增加营养，包括鱼、肉、蛋、豆类、蔬菜、水果等。

冬季气温下降，人的代谢作用加大，为了防御风寒，可多增加鱼、肉、蛋，应该注意的是冬季的蔬菜虽然少，但也必须保持足够的量，不能造成维生素 C 等的不足。

6. 根据年龄安排膳食

儿童的生长发育迅速，活动较多，新陈代谢和肌肉活动所消耗的热能较高，如果缺乏营养素，就会影响儿童的生长发育，轻者发育迟缓，重者引起营养缺乏症，例如由缺乏维生素 A 引起的眼干燥症。

儿童期力求营养全面，切忌偏食或多吃零食，不吃有刺激性和不易消化的膳食，牛奶或豆浆以及鸡蛋、水果是必需的食物。

青少年时期，各种器官逐渐发育成熟，是一生中长身体的最重要的时期，因此食欲大振，必须供给足够的热量，要有全面的营养。正在发育的青少年的全身组织细胞都在增长，因此蛋白质的摄取至关重要。由于骨骼也在发育，应该供应足够的钙和磷，吃例如海带、虾皮一类食物。

学生课程多，学习紧张，早餐一定要吃饱和吃好。如果有条件的话，可吃课间餐，这是许多营养学家的倡议。

　　老年人活动量减少，新陈代谢缓慢，每天从膳食中摄取的能量应比成年人低，否则有可能引起身体超重，增加心脏负担。老年人应控制甜食，少吃葡萄糖、蔗糖，以免患糖尿病。对于蛋白质质量要求也比较高，应多吃牛奶、鸡蛋、鱼虾、瘦肉，少吃脂肪和胆固醇含量高的食物，如动物内脏、黄油、墨鱼、鱿鱼以及动物油。老年人缺钙容易发生骨骼脱钙和骨质疏松症，要多从奶类和豆类摄取钙。维生素对老年人很重要，因此多吃蔬菜和水果也是保健的关键。

脂肪酸

　　脂肪酸是指一端含有一个羧基的长的脂肪族碳氢链，是有机物。低级的脂肪酸是无色液体，有刺激性气味，高级的脂肪酸是蜡状固体，无明显可嗅到的气味。脂肪酸是最简单的一种脂，它是许多更复杂的脂的组成成分。脂肪酸在有充足氧供给的情况下，可氧化分解为二氧化碳和水，释放大量能量，因此脂肪酸是机体主要能量来源之一。

影响健康的"化学杀手"

YINGXIANG JIANKANG DE HUAXUE SHASHOU

  在人类社会的发展过程中，从传统的生活习惯到现代的生活方式，化学污染一直伴随着人类，并不同程度危害着人类的身体健康。如果在食品中混入了有毒或有害的物质，那么对人类的健康就会构成威胁；如果空气中混有有毒气体，人体必然会受到伤害。在历史上，人类因受到生活污染而造成巨大影响的事件也很多，比如说，伦敦烟雾事件、日本的水俣病等，这些都是我们的前车之鉴。

  另外，人类的精神生活与化学也有密切关系。比如紧张、兴奋、愉悦、痛苦等都与特定一些化学物质相关。譬如，科学研究表明，导致悲伤的原因可能是多种多样的，其主要来自外部，但如果人体中的血糖较低、某些激素的功能减弱，同样会导致悲伤。可以说，针对一些精神疾病的治疗，不能不考虑一些化学因素。

  总而言之，认识并击退影响我们身心的"化学杀手"，对人类的健康具有十分重要的意义。

人体化学反应中的有害物质

食油的毒性来自原油或加工过程

（1）原油致毒的食油有：①生棉籽油系将生棉籽直接榨出而得，有毒物为棉酚、棉酚紫、棉酚绿，通常加热不能除去，主症状为头晕、乏力、心慌等，影响生育（棉酚为男性避孕药）；防毒办法是将其合理加工，榨油前将籽蒸炒，然后用油碱洗，中和后再水洗；生棉籽油切不可食用。②菜籽油含有芥子苷，在芥子酶作用下生成噁唑烷硫酮，具有使人恶心的臭味，该毒物是挥发性的，烹调时先将油热至冒烟即可除去。

陈 油

（2）陈油指高温下用过的或长期存放的油。多次高温加热后的油，其中维生素和必需脂肪酸被破坏，营养价值已大降。由于长时间加热，其中的不饱和脂肪酸通过氧化发生聚合，生成各种聚体，其中二聚体可被人体吸收，并有较强毒性。动物试验表明，喂食这类油后生长停滞、肝脏肿大、胃溃疡，还出现各种癌变。

蔬菜及水果有的含特殊毒素

（1）蔬菜。靠一般烹调仍不能去毒的有：①四季豆。又称芸豆或芸扁豆，毒素为豆荚外皮中的皂素（对消化道黏膜有强刺激性）和豆荚籽实粒中的植物凝血素（有凝血作用），症状为胸闷、麻木等；需较长时间煮透，至原来的生绿色消失，食用时无生味感，毒素方可完全破坏，切忌生吃、凉拌等。②发芽土豆。其发绿的皮层及芽中含有龙葵素（茄碱），可破坏人体红细胞而致毒，主症状为呼吸困难、心脏麻木；办法是将芽及发芽部位一起挖去，再用水浸泡半小时以上，炒煮时再适当加醋以破坏毒素。③鲜黄花。含秋水仙碱（此碱本身无毒），在体内可被氧化成强毒的氧化二秋水仙碱，侵犯血液循环系统；去毒办法是先用开水烫鲜菜，再放入清水中浸泡2～3小时，即可去碱；干黄花菜由于已经过蒸煮晒制，秋水仙碱已被破坏，故无害。

（2）水果。①荔枝。过食则乏力、昏迷等，称为"荔枝病"（中医），实为"低血糖"（西医）；因其中含α–次甲基环丙基甘氨酸，有降低血糖的作用（但荔枝本身葡萄糖含量达66%，有丰富的维生素A、维生素B、维生素C及游离氨基酸）。②柿。空腹过量食用，或与酸性食物、白酒等同食，易得"柿石"，又称"胃柿石"，妨碍消化，致胃痛。因柿中含丹宁较多，有强收敛性，刺激胃壁造成胃液分泌减少。③桃仁、杏仁。含苦杏仁酸，在体内水解转化成氢氰酸，剧毒，痉挛且致死，宜炒熟后方可食用。

其他食物

（1）含毒的花蜜。如杜鹃红、山月桂、夹竹桃等的花蜜中含有化学结构与毛地黄相似的物质，引起心律不齐、食欲缺乏和呕吐；应充分蒸煮以去毒。

（2）蘑菇。可食用者300多种，毒蘑的主要毒素有：原浆毒（使人体大部分器官发生细胞变性）、神经毒（痉挛、昏厥）、胃肠毒（胃肠剧痛）和溶血毒（溶血性贫血）四类，关键在于识别。毒蘑主要特点有：蘑冠色泽艳丽或呈黏土色，表面黏脆，蘑柄上有环，多生长于腐物或粪土上，碎后变色明显，煮时可使银器、大蒜或米饭变黑。

（3）生鱼。淡水鱼如鲤鱼大都含有破坏硫胺（维生素B_0）的酶称为硫胺素酶，如生吃易得硫胺缺乏症（脚气病或心力衰竭而突然死亡），较长时间加热可破坏这种酶，并保留原有硫胺。

（4）河豚。其内脏和皮肤（尤其是卵巢和肝）中存在河豚毒素，系一强神经毒剂，不仅可毒死人，而且可使其他食此脏器的动物如猫、犬、猪致死；我国东南沿海每年都有中毒者，1958～1959年日本曾发生500例河豚中毒，死亡率达50%；克服办法是食用鲜鱼先去皮、内脏。

（5）烟熏鱼、肉。即通常我国南方用稻草熏制的腊鱼、腊肉（因通常在寒冬腊月食用，故名），通常含2类毒物即黄曲霉素及亚硝基化合物。黄曲霉素耐热性强，在280℃以上才分解，油溶性好；盐中常含有的硝酸盐（各种尘土及古宅的墙壁含量多）受热时在还原剂作用下成亚硝酸盐，然后转化成亚

硝胺。这两者致癌机理已确证。

其他毒物

（1）黄曲霉毒素。是一类存在于霉变的谷物中的广泛分布于世界各地的毒素，中毒症状是肝损伤、肝癌及儿童的急性脑炎。第二次世界大战期间曾有流行于苏联、乌干达、泰国的儿童急性感染中毒的报道。霉菌毒素也作用于动物，1960年英国有10万只火鸡死于某种神秘的疾病，其后发现惨死火鸡的饲料，花生饼粉中存在大量黄曲霉素。预防和处置的主要措施是，在干燥条件下保存谷物（湿度应低于18.5%）及易霉变的含油种子，如花生、葵花子（湿度应低于9%）等；紫外线辐射、有机酸（乙酸及丙酸混合物或丙酸）作用于谷物，氨气处理棉籽可使毒素失活。

（2）丹毒。指存在于麦角中的紫花麦角菌中毒，该毒素分布于各种黑麦、小麦、大麦中，主症状为全身痒、麻木，长期吃麦角者则痉挛、发炎，最终手脚变黑、萎缩并脱落。麦角中毒涉及6种生物碱，通常麦角是一种防止失血、治偏头痛的药物，但食用含量超过0.3%的麦类即会中毒。预防办法是谷物加工前应筛去麦角，出现症状即应用无麦角饮食调治。

（3）肉毒毒素。为肉毒梭菌，广泛存在于土壤中，如在烹调中未被杀死，则它可在厌氧条件下产生出强毒素，如A型肉毒中毒，致命性严重，为眼镜蛇毒素毒性的1万倍，是马钱子碱或氰化物的几百万倍。其中毒是由于食用未充分煮熟的家制罐装肉和蔬菜（菜豆、玉米）等引起的。预防办法是充分煮烹，不食用产生气体、变色、变稠的食物，扔掉变凸的罐头；治疗办法是催吐，吐尽毒物，适当服抗毒素。

（4）尸毒。肉类腐败后生成的生物碱之总称，主要有腐败牛肉所含之神经碱，鱼肉的组织毒素，以及腐肉胺、骼胺和尸毒素等。尸毒是动物死后其肌肉自行消化变软，细菌不断繁殖，使其蛋白质分解而成。应禁食各种腐肉。

（5）大肠杆菌。是肠道最主要的细菌群落，由人的粪便排出，通过苍蝇和手传到食物和食具上，又未经消毒传染而致病，在旅游业发达的今天，被称为"旅游者疾病"。其特点是严重水性腹泻（称为旅游者痢疾）。食物烹制要充分消毒，食具应用酒精处理，用合成的止泻宁或磺胺类药物治疗。

（6）葡萄球菌。这是最普遍食物中毒的致毒细菌，因为很多健康人都是这类带菌者，涉及的食品范围极其广泛。其症状是严重的呕吐、腹泻，由于有脱水性而造成体力不支，通常在食入后数分钟至6小时发作。应饮大量水并催吐。

心律不齐

心律不齐指的是心跳或快或慢超过了一般范围。很多心律不齐都没有任何症状。如果有症状，一般为下面几种：

心悸，一种患者自身能够感觉到的心跳变快加重；心跳缓慢；不规则心跳；心跳之间心脏暂停。

严重疾病引起的心律不齐，多伴有一些症状，常见有头晕、胸闷、胸痛、气急、多汗、颜面苍白、四肢发冷、抽搐、昏迷等。轻微的心律不齐仍可以照常工作和学习。

影响大脑、神经的化学物质

本节主要论及神经冲动的化学传递和有关情绪和情感、动作和行为、学习与记忆、睡眠与醒觉等各功能的化学特征。

脑和神经的一般化学

脑和神经系统中存在许多具有生物活性和药理活性的物质，它们的化学作用构成了极为丰富的各种人体功能的基础。这些有特殊作用的化学物质主要有神经递质和其他活性物质。

（1）神经递质。其作用是负责传递神经冲动，作为信使在中枢神经和各器官的效应细胞间进行信息传递，以调节有机体活动对外界刺激作出应答。传递兴奋信息的递质称为兴奋性递质，通常报告"好消息"；传递抑制信息的称抑制性递质，有助于机体的镇静。当递质功能失调时就会引起精神活动异常甚至病变。有神经递质作用的活性物很多，但目前只对乙酰胆碱、多巴胺、去甲肾上腺素、5－羟色胺研究较深入。

（2）其他活性物质。除有神经冲动的传递作用外，还有其他多种生理效应，影响到心理活动和精神疾病。主要有氨基酸、脑肽等。

某些精神活动的化学

（1）情绪和情感。情绪和情感既是一种脑的功能，又是在种族进化过程中发生并在人类社会历史上发展的，都是指对外界刺激肯定或否定的心理反应，如喜怒哀乐等。情绪代表感情性反映的过程，而情感则是具有较稳定而深刻含意的感情性反映，本书着重前者。

情绪异常：①忧郁是一种复合性消极情绪，同一般悲伤不同，忧郁更强烈，持续时间更长也更痛苦，它除包含悲伤外，并产生痛苦、愤怒、负罪感、羞愧等，可以转化为病态即躁郁症。②焦虑的特点是使人有一种脆弱感，由危险或威胁的预料或预感而诱发，由于对恐惧本身感到恐惧，失去自我调整能力，从而导致绝望，并具有真正的破坏性。例如一位外科医生在某次手术中发抖、出汗、感到快要窒息，从此不敢再上手术台，而放弃了医生职业，因为他担心在手术中再出现恐惧感。这是神经性焦虑症的典型症状。本病的神经生化特点是：自主神经系统被高度激活，去甲肾上腺素分泌过多；γ－氨基丁酸量减少，其作用受到抑制。治疗这两种病均与儿茶酚胺类递质分泌有关（一少一多恰相反），通常应首先保证宽松、舒适的环境，使患者从外在的宽松转变为内在的宽慰，即以心理治疗为主。药物和手段方面曾报告过抗抑郁剂如单胺氧化酶及三环类，能增强脑中去甲肾上腺素活动，有疗效；用β－受体阻滞剂如心得安，能改善焦虑症状，服用苯并二氮杂草化酶抑制剂，可强化γ－氨基丁酸的作用，也有抑制焦虑的效果；锂盐可有效地抗躁狂，也有预防忧郁症复发之效；电休克对上述两症均有一定疗效。

（2）动作和行为是意志即精神活动的外部表现，动作指全身或身体的一部分的活动，行为指受思想支配（有目的）而表现的整体外部活动。行为病变主要是引起精神分裂症。通常犒赏行为是人和动物的正常神经生理机能，与人的目的性思维及愉快体验有关，当人脑犒赏系统功能有障碍时，就会出现无目的的行为即精神分裂症，而犒赏系统就是脑内去甲肾上腺系统，此系统受进行性损害是构成精神分裂症的主因。

（3）学习与记忆。学习指新知识、新行为的获得，记忆指所获得的知识和行为的保持及再现。已知某些中枢神经递质及生物活性物质可促进或干扰学习性条件反射的形成和巩固，并认为记忆分子可能是蛋白质、脑肽或核糖核酸。

（4）睡眠与醒觉。这是大脑的两个周期性相互转化的生理过程，在维持正常精神活动中起重要作用。睡眠不单是体力或脑力的恢复过程，对学习和记忆及其他活动也起积极作用，醒觉是意识活动的基础，它保证意识的清晰状态，使精神活动得以正常进行。

①睡眠：20世纪70年代以来对睡眠进行了深入研究，发现睡眠分为有梦睡眠和无梦睡眠。睡眠不是躯体肌肉的完全休息，因为在有梦阶段眼肌在快速运动（比醒觉时还快）；已知在有梦阶段脑蛋白质合成增加，因此它的功能主要与学习有关，在该阶段脑在进行积极的功能活动，把醒时（白天）学到的新知识贮存在新合成的蛋白质上。已知正常入睡前口服 5 - 羟色氨酸 600 毫克，能使有梦睡眠阶段延长，因而可利用此法改善记忆能力，治疗某些智能障碍疾病。所以睡眠 2 种状态的发现有重要意义。

②睡眠与醒觉的调节：为什么会睡，既然睡了为什么会醒，这是因为调节作用。睡眠因子将剥夺睡眠的动物的脑脊液注入醒动物的脑中，引起

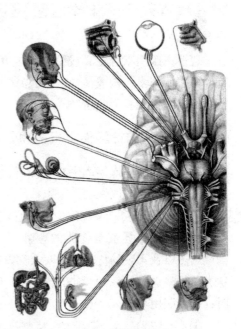

脑神经

睡眠，并表现为慢波，说明此体液中含有睡眠因子，为分子量在 350～700 的肽类；还发现生长激素可以产生有梦睡眠，而中脑网状结构灌注液可特异地增加无梦睡眠。所以这 2 阶段的睡眠因子不同；醒觉因子亦存在于脑脊液中，为含谷氨酸的肽类，可使动物出现激惹行为，活动明显增强达数日。

冰　毒

冰毒即兴奋剂甲基苯丙胺，因其原料外观为纯白结晶体，晶莹剔透，故被吸毒、贩毒者称为"冰"。由于它的毒性剧烈，人们便称之为"冰毒"。该药小剂量时有短暂的兴奋抗疲劳作用，故其丸剂又有"大力丸"之称。甲基苯丙胺是在麻黄素化学结构基础上改造而来，故又有去氧麻黄素之称。甲基苯丙胺药用为片剂，作为毒品用时多为粉末，也有液体与丸剂。

精神病态的化学因素

包括由服用某种毒品或由于特定原因引起的精神活动异常以及足以造成神经损害的因素，构成精神生活的消极面（而不是精神病），主要有致幻药物及神经性毒物和其他物质及心理影响等。

致幻药物和神经性中毒药物

某些药物能使人体产生知觉障碍，实质是使神经冲动（电信号）沿神经系统的传递致误或改性。

（1）致幻药物。又称致幻剂，它们干扰神经功能，特别是对视觉或其他外界刺激产生怪异甚至歪曲的理解，可以破坏人的判断力。在致幻作用下，高度灼热以及飞驶的货车好像对人都没有危险似的，而且有一种欣快的感觉。这类药物只需微量（50～200毫克）即可使服用者处于"迷幻"状态8～16小时，过量服用会使人"癫狂"。

①苯乙胺类。A. 南美仙人掌毒碱。它是南美仙人掌浸膏中的主要成分，可引起高血压、焦虑、忽冷忽热感、瞳孔扩大和皮肤发冷及抑郁、恐惧、妄想、惊慌等，它在脑中与髓磷质紧密结合而以神经末梢最多。B. 苯丙胺。它可使个体产生多种幻觉，以视幻为主，有妄想观念，并引起刻板行为，某些苯丙胺衍生物的毒性为南美仙人掌毒碱的100倍。一般抗精神病药物可改善症状（如给予氯丙嗪2分钟后即可解除毒碱毒象）。

②吲哚衍生物。A. 二甲色胺，它是南美鼻烟的重要成分，除致多种幻觉外，还可使患者情绪激动而紧张、妄想、失语等；本品还可能是一种内源性分裂毒素，即可由人体自身产生。正常情况下色氨酸在吲哚途径中可产生色胺衍生物，并可在体内单胺氧化酶催化下降解，但如该过程受阻则毒物可积累。B. 麦角生物碱。它天然存在于麦角碱中，主要成分为麦角酸二乙酰胺（LSD），很小剂量（25～100毫克）即可引起明显症状（称LSD症）。特征为视错觉强烈，感到颜色中有声音或音乐，以及紧张性木僵；放射性元素标记研究表明，它集中于肠、肝、肾，而不进入脑。

③其他。A. 大麻酚。它主存于印度大麻中，具有三环结构，以四氢大麻酚活性尤强，幻视是其主要症状，常看到流动的或斑块状颜色，有欣快动作如不可控制的狂笑、惊慌，思睡如醉酒。B. 1－盐酸呱啶（1－苯环己基）。日服7.5毫克即引起视幻及妄想，主症状为重复动作或行为，违拗，与环境疏远，抱敌意等。

（2）神经性毒物：分慢性致毒和急性中毒2类。前者有致幻作用，使服用者产生快感，久而影响各项生理功能；后者则迅速引起神经系统机能严重障碍，毒性强，作用快，多用于化学战。

①慢性毒物。A. 鸦片。它是从尚未成熟的罂粟果里提出的乳状汁液，干燥后变成淡黄色或棕色固体，味稍苦，是生物碱混合物。医药上用少量作止泻、镇痛和消咳剂。它还有一个漂亮的名字阿芙蓉，因为其母体罂粟的花呈美丽的红色。当超过医用剂量并反复使用时，使人气血耗竭、中毒而亡。B. 海洛因。它是由鸦片中提炼出的生物碱精品（$C_{21}H_{23}O_5N$），俗称白面，其神经致毒性超过鸦片，对人体损害最严重，吸食者最多，堪称毒品之王。C. 吗啡。它是鸦片中的主要生物碱（$C_{27}H_{19}O_3N$），剧烈麻醉剂，神经阻抑作用比海洛因还强。

②急性毒物。A. 抗胆碱类。如番木鳖碱、箭毒碱，极少量（数十hg）即可刺激神经和肌肉，产生心搏异常及血压升高，可使皮肤上的感觉神经末梢失活而痉挛；可使口腔及喉咙极度干渴等。通常神经电信号传递的主要反应是胆碱酯酶把乙酰胆碱分解成乙酸和胆碱，在有钾、镁离子存在时，乙酰酯酶在电信号传入的神经末梢内又将乙酸与胆碱重新合成为乙酰胆碱，此新的生成物又可用于传递另一神经冲动。但在本类毒物存在下，由于它们作用于

致幻剂

细胞膜改变细胞渗透性，影响无机离子的功能，又由于它们可使胆碱酯酶失效，阻止乙酰胆碱分解而积累，从而过分刺激神经、腺体和肌肉，导致不规则心率加速甚至死亡。B. 化学战毒剂。指用于战争目的有毒化学物质，通过皮肤、眼睛、呼吸道、消化道和伤口使个体中毒，按症状通常分为糜烂性（皮肤痒痛难禁、溃疡）、催泪性（流泪、畏光以致角膜穿孔）、窒息性（鼻咽痒痛、剧烈咳嗽、呼吸困难）及其他刺激性（舌尖麻木、瞳孔缩小、严重恶心呕吐、昏厥、大小便失禁、呼吸停止）等，均系损害神经或破坏其有关功能所致。常见的这类毒剂多为砷、磷类有机物（它们大多作为杀虫剂），如对氯乙烯二氯砷、有机磷农药（1605、1059、敌敌畏）、沙林、棱曼、塔崩、芥子气、苯氯乙酮、光气等。

特定原因引起的精神异常

1. 物质因素

除前述药物的毒性外，引起精神病态的主要物质因素有低血糖症和酗酒等。

①低血糖症。因为脑的惟一营养源是血糖，当葡萄糖供应不足时，大脑的功能就敏锐地受到影响。A. 症状：主症状是脉搏快、颤抖、饿感、心情不舒畅和精神错乱，许多人都能忍受食物的大幅度减少，但有些人不行（与下列控制血糖功能之一的缺损有关）。B. 控制血糖的因素：下丘脑外侧的进食中心对血中糖浓度敏感，当血糖值低时或温度降低时，就发出饿的信号，如果其功能受到损害，饿也不想吃，就会导致厌食，最终饿死；激素释放，当血糖值降低时大脑会触发那些拮抗低血糖的激素释放（如胰高血糖素、促肾上腺皮质激素、生长素等，它们都使血糖值升高）；下丘脑中下区有饱感中心，亦对血糖值敏感，但与进食中心作用相反，当糖值高时，该中心活力加

剧，关闭食欲闸门。C. 原因：肾上腺皮质激素缺乏。由于发烧、手术、肺结核等，使肾上腺皮质衰竭，因而激素少，使饥饿时蛋白质转化成葡萄糖速度降低；营养不协调，进餐少血糖低，高蛋白及高碳水化合物膳食过量刺激胰岛素分泌过多，旋即引发抑制胰岛素分泌，于是血糖值先升高而后降下来，肾脏及肝脏病变，不能促使蛋白质及肝糖转化为血糖。

②酗酒。是指酒精的慢性中毒。各人的酒量与体内乙醛水解酶量有关。据研究，东方人该酶量较低，故不如西方人酒量大。乙醇可作用于大脑，使其麻痹，血管的收缩力减弱而流向体表的血液量增多，故皮肤发红，使酗酒者有美的陶醉感并失去冷的刺激，严重者可冻死路旁；乙醇主要作用于大脑中心的皮质（此皮质控制人的本能），使心情爽快、安稳，因而某些病症如低血糖或心理痛苦带来的烦恼可用饮酒消除，使日常的紧张得以缓解，所以适量饮酒有益；但当过量时，乙醇会抑制脑干网状结构，限制大脑外层皮质（控制人的理性）功能，于是发生酒后哭笑失常、语言失控等；酒精中毒抑制肝脏将肌糖分解而生的乳酸转化成葡萄糖的过程，使低血糖症进一步加剧，因而"用酒浇愁愁更愁"。

③脑细胞缺氧。其实氧是人体最重要的营养成分，大脑对氧的浓度变化极为敏感，人体氧的代谢机制已如前述（见忍耐的限度和潜力），这里强调脑缺氧的影响。

2. 心理及其他因素

①心理因素。指环境的变化通过心理的影响而引起精神病态，主要有：A. 社会刺激：如事业、考试、婚恋的失败，火灾、地震或其他恐怖经历，能引起激动、震颤、攻击行为、呼吸异常、排尿不正常、淡漠等神经官能症；这是由于个体对外界刺激引起的情感变化的适应能力不同，当超强的兴奋、过度紧张地变换兴奋与抑制时，就会刺激各种激素的异常分泌，造成条件反应紊乱，从而导致一系列生理变化如心搏加速、血压升高、瞳孔扩大，最终引起全面的精神崩溃。B. 孤独感：这是由社会隔离引起的，常见于难民、孤儿，主要症状为偏执、怀疑、焦虑、负罪感强烈并常有自杀企图；极端的隔离可导致白痴，如一些脱离人类社会和动物一起过野居生活的孩子（印度的狼孩、虎孩、猴孩）不会说话、四肢爬行、多毛、生食，主要由于其消化器

官及大脑功能均已显著改变。国内还报道过猪孩，由于家庭照顾不周，从小与猪争食、与猪为伴，最后导致精神失态成为与猪习性相似者。

②其他因素。导致精神异常甚至病变的重要因素还有疲劳、衰竭、生气等。

光气

光气是一种无色剧毒气体，又名氧氯化碳、碳酰氯、氯代甲酰氯等。是无色或略带黄色气体（工业品通常为已液化的淡黄色液体），当浓缩时，具有强烈刺激性气味或窒息性气味。微溶于水并逐渐水解，溶于芳烃、四氯化碳、氯仿等有机溶剂。光气是一种重要的有机中间体，在农药、工程塑料、聚氨酯材料以及军事上都有许多用途。

食品污染的危害

食品中混进了对人体健康有害或有毒的物质，这种现象称为食品污染。污染食品的物质称为食品污染物。食用受污染的食品会对人体健康造成不同程度的危害。

食品污染可分为生物性污染、化学性污染和放射性污染。

（1）生物性污染：主要是由有害微生物及其毒素、寄生虫及其虫卵和昆虫等引起的。肉、鱼、蛋和奶等动物性食品易被致病菌及其毒素污染，导致食用者发生细菌性食物中毒和人畜共患的传染病。致病菌主要来自病人、带菌者和病畜、病禽等。致病菌及其毒素可通过空气、土壤、水、食具、患者的手或排泄物污染食品。被致病菌及其毒素污染的食品，特别是动物性食品，如食用前未经必要的加热处理，会引起沙门氏菌或金黄色葡萄球菌毒素等细菌性食物中毒。食用被污染的食品还可引起炭疽、结核和布氏杆菌病（波状热）等传染病。

霉菌广泛分布于自然界。受霉菌污染的农作物、空气、土壤和容器等都可使食品受到污染。部分霉菌菌株在适宜条件下，能产生有毒代谢产物，即霉菌毒素（见霉菌污染对健康的影响）。如黄曲霉毒素和单端孢霉菌毒素，对人畜都有很强的毒性。一次大量摄入被霉菌及其毒素污染的食品，会造成食物中毒；长期摄入小量受污染食品也会引起慢性病或癌症。有些霉菌毒素还能从动物或人体转入乳汁中，损害饮奶者的健康。

微生物含有可分解各种有机物的酶类。这些微生物污染食品后，在适宜条件下大量生长繁殖，食品中的蛋白质、脂肪和糖类，可在各种酶的作用下分解，使食品感官性状恶化，营养价值降低，甚至腐败变质。

污染食品的寄生虫主要有绦虫、旋毛虫、中华枝睾吸虫和蛔虫等。污染源主要是病人、病畜和水生物。污染物一般是通过病人或病畜的粪便污染水源或土壤，然后再使家畜、鱼类和蔬菜受到感染或污染。

粮食和各种食品的贮存条件不良，容易孳生各种仓储害虫。例如粮食中的甲虫类、蛾类和螨类；鱼、肉、酱或咸菜中的蝇蛆以及咸鱼中的干酪蝇幼虫等。枣、栗、饼干、点心等含糖较多的食品特别容易受到侵害。昆虫污染可使大量食品遭到破坏，但尚未发现受昆虫污染的食品对人体健康造成显著的危害。

（2）化学性污染：主要指农用化学物质、食品添加剂、食品包装容器和工业废弃物的污染，汞、镉、铅、砷、氰化物、有机磷、有机氯、亚硝酸盐和亚硝胺及其他有机或无机化合物等所造成的污染。造成化学性污染的原因有以下几种：①农业用化学物质的广泛应用和使用不当。②使用不合卫生要求的食品添加剂。③使用质量不合卫生要求的包装容器，造成容器上的可溶性有害物质在接触食品时进入食品，如陶瓷中的铅、聚氯乙烯塑料中的氯乙烯单体都有可能转移进入食品。又如包装蜡纸上的石蜡可能含有苯并（a）芘，彩色油墨和印刷纸张中可能含有多氯联苯，它们都特别容易向富含油脂的食物中移溶。④工业的不合理排放所造成的环境污染，也会通过食物链危害人体健康。

（3）放射性污染：食品中的放射性物质有来自地壳中的放射性物质，称为天然本底；也有来自核武器试验或和平利用放射能所产生的放射性物质，即人为的放射性污染（见放射性污染对健康的影响）。某些鱼类能富集金属同位素，如^{137}铯和^{90}锶等。后者半衰期较长，多富集于骨组织中，而且不易排

出，对机体的造血器官有一定的影响。某些海产动物，如软体动物能富集^{90}锶，牡蛎能富集大量^{65}锌，某些鱼类能富集^{55}铁。

对人体健康的危害有多方面的表现。一次大量摄入受污染的食品，可引起急性中毒，即食物中毒，如细菌性食物中毒、农药食物中毒和霉菌毒素中毒等。长期（一般指半年到1年以上）少量摄入含污染物的食品，可引起慢性中毒。造成慢性中毒的原因较难追查，而影响又更广泛，所以应格外重视。例如，摄入残留有机汞农药的粮食数月后，会出现周身乏力、尿汞含量增高等症状；长期摄入微量黄曲霉毒素污染的粮食，能引起肝细胞变性、坏死、脂肪浸润和胆管上皮细胞增生，甚至发生癌变。慢性中毒还可表现为生长迟缓、不孕、流产、死胎等生育功能障碍，有的还可通过母体使胎儿发生畸形。已知与食品有关的致畸物质有醋酸苯汞、甲基汞、2，4－滴、2，4，5－涕中的杂质四氯二苯二噁英、狄氏剂、艾氏剂、DDT、氯丹、七氯和敌枯双等。

某些食品污染物还具有致突变作用。突变如发生在生殖细胞，可使正常妊娠发生障碍，甚至不能受孕，胎儿畸形或早死。突变如发生在体细胞，可使在正常情况下不再增殖的细胞发生不正常增殖而构成癌变的基础。与食品有关的致突变物有苯并（a）芘、黄曲霉毒素、DDT、狄氏剂和烷基汞化合物等。

以下几类食品污染物可诱发癌肿：

强致癌物质——3，4—苯并芘

科学家研究发现，危害人类最严重的疾病之一——癌症，有80%～90%是环境因素引起的。而在致癌因素中，又有70%～90%是环境、食物、药物中的化学物质引起的。在已经发现的400多种致癌物质中，毒性最强的一种是3，4—苯并芘，它主要存在于煤、石油、焦油和沥青中。燃煤烟尘中的3，4—苯并芘含量较高，每燃烧1千克煤，约产生0.19～0.22毫克的3，4—苯并芘。一般的汽车每小时排出的废气中，约有0.25～0.32毫克的3，4—苯并芘。排入大气的3，4—苯并芘被吸附在飘尘中或降落到土壤和水体中，通过呼吸或饮食进入人体致癌。所以，有人喜欢在马路上跑步或在沥青路上翻晒粮食，就会吸入或受到3，4—苯并芘的污染。油煎烧焦的鱼肉或其他肉类中，也含有较多的 3，4—苯并芘。有人烧油时喜欢让油冒烟或快起火时才放炒菜，认为这样可破坏油中的有害物质，这是不科学的。

为了防止产生 3，4—苯并芘，还应不吸烟，因每 100 支香烟中约含3，4—苯并芘 3.5 ~ 4.5 毫克。

要防止 3，4—苯并芘的危害，应对煤烟除尘，安装汽车排气净化装置和采取戒烟等措施。家庭中煤气灶的发展，也使家庭小环境污染加剧，所以安装抽油烟机是十分必要的。

烧烤类食品含有强致癌物质苯并芘

易致癌物——亚硝胺

亚硝胺是一种常见的化学物质。有人对 100 多种亚硝胺化合物作动物试验，发现 80 多种能致癌，其中最强的是二甲基亚硝胺和二乙基亚硝胺。主要致癌器官是肝、胃和食道。

腌菜中含有亚硝胺

食品中的亚硝胺是由二级胺（仲胺）和亚硝酸盐在食品内或体内生成。二级胺主要来自蛋白质的分解和某些药物的残留；硝酸盐通过细菌亚硝化产生亚硝酸盐。食品中的硝酸盐是化肥残留或以防腐剂的形式加入。我们平时食用的腌肉、罐头食品以及许多为了保鲜的食品中都加入了防腐剂，这些防腐剂大多为硝酸盐。

据了解，智利人患胃癌率的比例在世界上是比较高的。经研究后认为，这与智利农业上大量施硝酸盐化肥，以及食品中亚硝酸盐含量高有关。在我国，新中国成立以后发现，河南林县、四川西北部地区居民食管癌发病率很高。调查后发现，这些地区人食用新鲜蔬菜少，而在一年中，大多时间都食用腌咸菜和酸菜。腌菜中亚硝酸盐含量高，与胃癌、食管癌发病率成正比关系。

经常食用新鲜蔬菜、水果，是防止亚硝酸盐在体内合成的有效方法。

致癌祸首——黄曲霉素

黄曲霉素是黄曲霉真菌的代谢产物。黄曲霉在温热、潮湿的条件下生长迅速。花生、花生油、玉米、大米中均有，麦子和豆类中则少见。

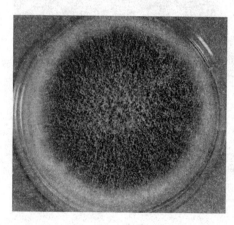

黄曲霉素的致癌性是已知化学致癌物中最强的一种。1960 年英国发生10 万头火鸡吃了霉变的花生饼粕后大量中毒死亡的事件，就与黄曲霉菌有关。印度某农村曾发生食用霉变玉米，引起 397 人发生中毒性肝炎病，最后死亡 106 人的严重事件。从非洲、泰国、肯尼亚等地的调查资料中显示，凡受黄曲霉毒污染严重的地区，肝癌的发病率明显增高。日本从霉米中分离出可诱发肝细胞瘤和肝细胞癌的多种毒霉菌和毒素。我国南方高温高湿

致癌祸首——黄曲霉素

地区的大米中，也存在类似情况。

黄曲霉菌能耐较高的温度，一般的食物经蒸煮不易除去。人们通常采用在食物（花生、玉米等）未加热前，进行仔细冲洗，这样做可除去95% 以上的霉菌。有人在加热或煮泡这些食物时，放一些碱，也是行之有效的方法之一。

需要指出的是，有人认为，带黄曲霉菌的食物只要经油炸之后，食用就安全了。其实不然，油炸后虽然食物内的黄曲霉菌死了，但其菌体仍留在食物内，这样的食物食用后仍是不安全的。所以防止粮油作物霉变，才是预防黄曲霉素毒害的最好办法。

防腐剂

防腐剂是指天然或合成的化学成分，用于加入食品、药品、颜料、生物标本等，以延迟微生物生长或化学变化引起的腐败。亚硝酸盐及二氧化硫是常用的防腐剂之一。规定使用的防腐剂有苯甲酸、苯甲酸钠、山梨酸、山梨酸钾、丙酸钙等25种。

室内空气污染与健康

什么是室内空气污染

室内空气污染是指有害的化学性因子、物理性因子和（或）生物性因子进入室内空气中并已达到对人体身心健康产生直接或间接，近期或远期，或者潜在有害影响的程度的状况。"室内"主要指居室内，广义上也可泛指各种建筑物内，如办公楼、会议厅、医院、教室、旅馆、图书馆、展览厅、影剧院、体育馆、健身房、商场、地下铁道、候车室、候机厅等各种室内公共场所和公众事务场所内。有些国家还包括室内的生产环境。

人们对室内空气中的传染病病原体认识较早，而对其他有害因子则认识较少。其实，早在人类住进洞穴并在其内点火烤食取暖的时期，就有烟气污染。但当时这类影响的范围极小，持续时间极短暂，人的室外活动也极频繁，因此，室内空气污染无明显危害。随着人类文明的高度发展，尤其进入20世纪中叶以来，由于民用燃料的消耗量增加、进入室内的化工产品和电器设备的种类和数量增多，更由

初装修的房屋应警惕室内空气污染

于为了节约能源，寒冷地区的房屋建造得更加密闭，室内污染因子日渐增多而通风换气能力却反而减弱，这使得室内有些污染物的浓度较室外高达数十倍以上。

人们每天平均大约有80%以上的时间在室内度过。随着生产和生活方式的更加现代化，更多的工作和文娱体育活动都可在室内进行，购物也不必每天上街，合适的室内微小气候使人们不必经常到户外去调节热效应，这样，人们的室内活动时间就更多，甚至高达93%以上。因此，室内空气质量对人体健康的关系就显得更加密切更加重要。虽然室内污染物的浓度往往较低，但由于接触时间很长，故其累积接触量很高。尤其是老、幼、病、残等体弱人群机体抵抗力较低、户外活动机会更少，因此，室内空气质量的好坏与他们的关系尤为重要。

室内空气污染的分类

室内空气污染物的来源大致分成3类。

室内的人为活动产生的有害因子：人们在室内进行生理代谢，进行日常生活、工作学习等活动，这些可产生出很多污染因子。主要有以下几个方面：

（1）呼出气。呼出气的主要成分是 CO_2（二氧化碳）。每个成年人每小时平均呼出的 CO_2 大约为22.6升。此外，伴随呼出的还可有氨、二甲胺、二乙胺、二乙醇、甲醇、丁烷、丁烯、二丁烯、乙酸、丙酮、氮氧化物、CO（一氧化碳）、H_2S（硫化氢）、酚、苯、甲苯、CS_2（二硫化碳）等。其中，大多数是体内的代谢产物，另一部分是吸入后仍以原形呼出的污染物。

（2）吸烟。这是室内主要的污染源之一。烟草燃烧产生的烟气，主要成分有CO、烟碱（尼古丁）、多环芳烃、甲醛、氮氧化物、亚硝胺、丙烯腈、氟化物、氰氢酸、颗粒物以及含砷、镉、镍、铅等的物质。总共约3000多种，其中具有致癌作用的约40多种。吸烟是肺癌的主要病因之一。

（3）燃料燃烧。也是室内主要污染源之一。不同种类的燃料，甚至不同产地的同类燃料，其化学组成以及燃烧产物的成分和数量都会不同。但总的来看，煤的燃烧产物以颗粒物、SO_2（二氧化硫）、NO_2（二氧化氮）、CO、多环芳烃为主；液化石油气的燃烧产物以 NO_2、CO、多环芳烃、甲醛为主。蜂窝煤在无烟囱的炉子内旺盛燃烧，厨房空气中 SO_2 可达17毫克/米³，通常在 3 毫克/米³ 左右；NO_2 可高达 50 毫克/米³，通常在 4 毫克/米³ 左右；CO 可达 300 毫克/米³ 以上，通常约 20～30 毫克/米³；颗粒物约在 1～2 毫克/米³。有烟囱时，SO_2 可降至约在 0.05 毫克/米³；NO_2 在 0.6 毫克/米³ 左右；CO 约 6 毫克/米³；颗粒物约 1.4 毫克/米³。液化石油气燃烧充分而室内无抽气设备时，SO_2 有未检出至 0.05 毫克/米³；NO_2 为 10 毫克/米³ 以上；CO 为 3～4 毫克/米³；颗粒物为 0.26 毫克/米³；甲醛可达 0.1～0.4 毫克/米³。

室内空气污染对人体伤害

SO_2 和 NO_2 对呼吸道有损伤。CO 除引起急性中毒外，其慢性影响为损伤心肌和中枢神经。颗粒物中含有大量的多环芳烃（PAH），其中有很多是致癌原。例如，3,4 - 苯并 [a] 芘的某些代谢中间产物的致癌性就很强。从 1775 年 P. 波特发现英国扫烟囱工人易患阴囊癌开始，人们逐渐认识到煤焦油中有致癌物。20 世纪 80 年代对云南省宣威县肺癌高发原因的研究，证明了当地燃煤的烟气中，含有大量致癌的 PAH。另一项流行学调查发现，北方非肺癌高发地区的农民忠肺癌原因之一是冬季家中燃烧蜂窝煤而不安装烟囱。液化石油气燃烧颗粒物的二氯甲烷提取物中，含有硝基多环芳烃，这是一种强致突变物。

此外，某些地区的煤中含有较多的氟、砷等无机污染物，燃烧时能污染室内空气和食物，吸入或食入后，能引起氟中毒或砷中毒。

烹调。烹调产生的油烟不仅有碍一般卫生，更重要的是其中含有致突变物。

室内不清洁，致敏性生物滋生。主要的室内致敏生物是真菌和尘螨。主要来自家禽、尘土等。真菌的滋生能力很强，只要略有水分和有机物，即能生长。例如玻璃表面、家用电器内部、墙缝里、木板上，甚至喷气式飞机的高级汽油筒的塞子上也能生长。尘螨喜潮湿温暖，主要生长在尘埃、床垫、枕头、沙发椅、衣服、食物等处。无论是活螨还是死螨，甚至其蜕皮或排泄物，都具有抗原性，能引起哮喘或荨麻疹。

病人传播病原体。患有呼吸道传染病的病人，通过呼出气、喷嚏、咳嗽、痰和鼻涕等，可将病原体传播给他人。

室内使用的复印机、静电除尘器等仪器设备产生臭氧（O_3）。O_3 是一种强氧化剂。对呼吸道有刺激作用，尤其能损伤肺泡。

家用电器产生电磁辐射。如果辐射强度很大，也会使人头晕、嗜睡、无力、记忆力衰退。

室内的尘埃、燃烧颗粒物、飞沫等污染物，与室内的空气轻离子结合，形成重离子。前者在污浊空气中仅能存留 1 分钟，而后者则能存留 1 小时，这样就加强了重正离子的不良影响：头痛、心烦、疲劳、血压升高、精神萎靡、注意力衰退、工作能力降低、失眠等。

室内物品中有害因子的直接散发。室内有很多物体和用品，其本身即含有各种有害因子，一旦暴露于空气中，就会散发出来造成危害。主要来自以下几方面：

建筑材料。某些水泥、砖、石灰等建筑材料的原材料中，本身就含有放射性镭。待建筑物落成后，镭的衰变物氡（^{222}Rn）及其子体就会释放到室内空气中，进入人体呼吸道，是致肺癌的病因之一。室外空气中氡含量约为 10 贝可/米^3 以下，室内严重污染时可超过数十倍。美国由氡及其子体引起的肺癌死亡人数为 1 万~2 万。

使用脲—甲醛泡沫绝热材料（UFFI）的房屋，可释放出大量甲醛，有时可高达 10 毫克/米^3 以上。甲醛具有明显的刺激作用，对眼、喉、气管的刺激很大；在体内能形成变态原，引起支气管哮喘和皮肤的变态反应；能损伤肝脏，尤其是有肝炎既往史的人，住进 UFFI 活动房屋以后，容易复发肝炎。长期吸入低浓度甲醛，能引起头痛、头晕、恶心、呼吸困难、肺功能下降、神经衰弱，免疫功能也受影响。动物试验能诱发出鼻咽癌。尚未见到人体致癌的流行学证据。

有些建筑材料中含有石棉，可散发出石棉纤维。石棉能致肺癌，以及胸、腹膜间皮瘤。

家具、装饰用品和装潢摆设。常用的有地板革、地板砖、化纤地毯、塑料壁纸、绝热材料、脲—甲醛树脂黏合剂以及用该黏合剂黏制成的纤维板、胶合板等做成的家具等都能释放多种挥发性有机化合物，主要是甲醛。中国沈阳市某新建高级宾馆内，甲醛浓度最高达 1.11 毫克/米^3，普通居室内新装饰后可达 0.17 毫克/米^3 左右，以后渐减。此外，有些产品还能释放出苯、甲苯、二甲苯、CS_2、三氯甲烷、三氯乙烯、氯苯等 100 余种挥发性有机物。其中有的能损伤肝脏、肾脏、骨髓、血液、呼吸系统、神经系统、免疫系统等，有的甚至能致敏、致癌。

日常生活和办公用品。例如化妆品、洗涤剂、清洁剂、消毒剂、杀虫剂、纺织品、油墨、油漆、染料、涂料等都会散发出甲醛和其他种类的挥发性有机化合物、表面活性剂等。这些都能通过呼吸道和皮肤影响人体。

从室外进入室内的污染物。室外环境中的一部分有害因子，也能通过各种适当的介质进入室内。常见以下情况：

当大气中的污染物高于室内浓度时，可通过门窗、缝隙等途径进入室内。例如颗粒物、SO_2、NO_2、多环芳烃以及其他有害气体。

土壤中含镭的地区，镭的衰变物氡及其子体可以通过房屋地基或房屋的管道入口处的缝隙进入室内。也可以先溶入地下水，当室内使用地下水时，即逸出到空气中。地下室或底层房间内空气中的氡浓度可达几百贝可/米^3，楼层越高，浓度越低。

土壤中或天然水体中可含一种革兰阴性的杆菌，称为军团杆菌。可随空调冷却水，加湿器用水甚至淋浴喷头的水柱进入室内形成气溶胶，进入人体呼吸道造成肺部感染，称为军团病（嗜肺炎军团杆菌病）。

人为带入。服装、用具等可将工作环境或其他室外环境中的污染物（如铅尘）带入室内。

除了以上方面的来源以外，还有一些其他来源。例如，紫外线的光化学作用可以产生臭氧。

总之，室内空气污染物的来源很广、种类很多，对人体健康可以造成多方面的危害。而且，污染物往往可以若干种类同时存在于室内空气中，可以同时作用于人体而产生联合有害影响。

人体对室内空气污染物接触量的评价。可以采用个体采样器进行采样测定，从而掌握个人的环境接触量。也可以进行人体的生物材料监测，即选择性地测定呼出气、血、尿或毛发中的污染物含量，从而了解人体内的实际吸收量。

污染物的室内实际浓度，主要取决于污染源的排出量。此外，还与气象因子、室内通风效果、污染物自身演变转化的规律有关。

有些国家已制定了几项室内污染物的卫生标准。中国已正式公布公共场

所卫生管理条例，尚未公布其他的有关室内空气质量的卫生标准。

室内空气污染的防治措施。主要是消除或控制污染源；加强室内自然通风或机械通风；对能散发出有害因子的物品尽可能放置于室外若干时间，待充分散发后再放置室内。

空气污染指数

空气污染指数是一种反映和评价空气质量的方法，就是将常规监测的几种空气污染物的浓度简化成为单一的概念性数值形式、并分级表征空气质量状况与空气污染的程度，其结果简明直观，使用方便，适用于表示城市的短期空气质量状况和变化趋势。

生活污染对人体的影响

伦敦烟雾事件

伦敦是一座拥有 2000 多年历史的大城市，地处泰晤士河流域开阔的河谷地区。1952 年 12 月 5 日至 8 日，正值隆冬季节，伦敦受反气旋气候影响，浓雾覆盖，温度骤降。空气静止、浓雾不散、黑云压城，整个伦敦市淹没在浓重的烟雾之中。与此同时，工厂和住家成千上万个烟囱照样向天空排放着大量的黑烟。它们在天空中集聚，无法扩散，使空气中污染物浓度不断增加。烟尘浓度最高达到 4.46 毫克/米³，为平时的 10 倍；二氧化硫最高浓度达到 1.34 毫克/千克，为平时的 6 倍。伦敦市大街小巷都充满了煤烟、硫黄的气味，交通警察不得不戴上了防毒面具，来往行人则边走边用手帕捂鼻子、擦眼泪。悲剧终于发生了。一群准备在交易会上展出的得奖牛，它们呼吸困难、舌头吐露，其中 1 头当场死去，12 头奄奄待毙，160 头相继倒地抽搐，急需治疗。接踵而至的是，市民也难逃厄运，几千人感觉胸口闷得发慌，并伴有咳嗽、咽喉疼痛和呕吐。随之，老人、婴幼儿、病人的死亡数增加，到第三四天情况更趋严重，发病率、死亡率急剧上升，4 天中共死亡 4000 人。据统计，45 岁以上者死亡最多，约为平时的 3 倍；1 岁以下的死亡者，约为平时的 2 倍。另据统计，发生事件的 1 周中，因支气管发炎死亡的为 704 人，是前周的 9.3 倍；冠心病患者死亡 281 人，是前周的 2.4 倍；心脏衰竭者死亡 244 人，是前周的 2.8 倍；肺结核患者死亡 77 人，是前周的 5.5

伦敦烟雾事件

倍；肺炎、肺癌、流感及其他呼吸道患者的死亡率也都是成倍地增长。就是在事件过后的 2 个月内，还陆续死亡 8000 人。这就是震惊一时的伦敦烟雾事件。直到 12 月 10 日，一股轻快的西风吹来了北大西洋的新鲜空气，才驱散了弥漫在伦敦上空的毒雾，使人们重见天日，解除痛苦。

伦敦的烟雾事件由来已久。1873、1880 和 1891 年就相继发生过 3 次由于燃煤而造成的毒雾事件，死亡人数共计约 1800 名。以后还发生过多次。当局对此不闻不问，以致问题越来越严重。1952 年的事件再次发生后，英国社会哗然，纷纷要求政府当局对受害情况进行调查。但是，未能查清原因，也未采取有效防治措施，导致后来又相继发生几起烟雾事件。如 1962 年的一起，气候变化与 1952 年相似，空气中的二氧化硫浓度比 1952 年还高，只是烟尘浓度仅及 1952 年的 1/2，才使死亡率比 1952 年低 80%。英国当局再次在人民的压力下不得不进行深入研究，终于找到了伦敦烟雾事件的原因是：煤中含有三氧化二铁，它能促进空气中的二氧化硫氧化，生成硫酸液沫，附着在烟尘上或凝聚在雾核上，进入人的呼吸系统，使人发病或加速慢性病患者的死亡。

洛杉矶光化学烟雾事件

洛杉矶是美国加利福尼亚州南部太平洋沿岸的滨海城市，常年阳光明媚、气候温和、风景优美，是人们的游览胜地。著名的电影中心好莱坞在它的西北郊。随着该地区石油工业的开发，飞机制造等军事工业的迅速发展，人口

洛杉矶光化学烟雾

激增，洛杉矶已成为美国西部地区工商业重镇和著名海港。它从此也就失去了往昔的优美和宁静。目前有人口700多万，汽车数百万辆，每天耗费汽油600多万加仑（美制1加仑=3.785升），是世界上交通最繁忙的地方之一。

1943年以来，美国洛杉矶首次出现光化学烟雾。这是一种浅蓝色的刺激性烟雾。滞留在市内几天不散，大气可见度大为下降，许多居民眼红、鼻痛、喉头发炎，还伴有咳嗽和不同程度的头痛和胸痛、呼吸衰弱，不少老人经受不住折磨而死亡；同时，家畜患病、植物遭殃、橡胶制品老化、材料与建筑物受损。

对洛杉矶型烟雾的来源、形成的调查，可说是颇费周折，前后经过七八年时间。起初认为是二氧化硫造成的，因此当局采取措施，控制各有关工业部门二氧化硫的排放量。但是烟雾并未减少。后来发现石油挥发物（碳氢化合物）同二氧化氮或空气中的其他成分一起，在太阳光作用下，产生一种浅蓝色的烟雾，它不同于一般煤尘的烟雾，是光化学烟雾。当局为此禁止石油精炼厂储油罐挥发物排入大气，结果仍未使烟雾减少。最后从汽车排放物中找到了构成光化学烟雾的原因。当时洛杉矶有汽车250万辆，每天耗费汽油1600万升，因汽车汽化器的汽化效率低下，每天有1000多吨碳氢化合物排入大气中，在太阳光的作用下形成光化学烟雾。

洛杉矶型烟雾所以能形成，还有与其地理环境和气象条件有关。洛杉矶市区面临大洋，三面环山，形成一个直径约50千米的盆地。由于东南北三面山脉的阻碍，只有西面刮来海风，一年约有300天从西海岸到夏威夷群岛的北太平洋上空出现逆温层，如同盖子压在洛杉矶的上空，烟雾难以扩散。当逆温层高度为450米时，大气可见度下降，当逆温层高度为180米时，光化学烟雾就带到地面，扩散不开，形成污染。为此，每年5～10月期间，阳光强烈，烟雾就比较严重。汽车尾气多、盆地式地形、无风天气多，这就使洛杉矶很容易发生光化学烟雾。因它每年有 60 天烟雾尤为严重，故被称为美国的"烟雾城"。

对于光化学烟雾污染，美国目前还无法防治，洛杉矶的居民仍深受其害。再加上美国的生活方式，决定了各地的汽车有增无减，因此，几乎每座城市或轻或重地都受到洛杉矶型光化学烟雾的困扰。

日本熊本县水俣病事件

日本的水质污染与其工业的发展分不开。战后日本经济高速增长时期重点发展重化工业，它们排出的废水中含有大量的重金属、毒泥、多氯联苯、油和酚等，严重地污染了水质。工业废水的重金属主要是汞、镉等，它们经过生态系统食物链的富集，成千上万倍地在生物体内积累起来，这些生物体被鱼吞食后又在鱼体内进一步浓缩、富集，人们一旦食用了这些水产品就会慢性中毒。

水俣是日本九州南部的一个小镇，属熊本县管辖。全镇有居民 4 万人，周围村庄还住着 1 万多农民和渔民。其西面是渔产丰富的不知火海和水俣湾，因而渔业兴旺。1925 年日本氮肥公司在此建厂，生产氮肥、醋酸乙烯、氯乙烯等，随着该企业的不断发展，给当地人民带来的灾难也开始降临。1950 年在水俣湾附近的小渔村中，出现了一些疯猫，它们步态不稳、惊恐不安、抽筋麻痹，最后跳入水中溺死，

水俣病

被当地人称为"自杀猫"。当时这种狂猫跳海奇闻并未引起人们的关注。1953 年在水俣镇出现了一个生怪病的人，开始只是口齿不清、步态不稳、面部痴呆，后来发展到耳聋眼瞎、全身麻木，最后精神失常，时而酣睡，时而无比兴奋，体如弯弓，高叫而死。1956 年 4 月，一个 6 岁女孩因同样症状送入医院，初步诊断为脑系科疾癫；同年 5 月，又有 4 个同样病人入院就医，另外还有 50 多名患者没入院，这时才引起人们的关注。当地的熊本大学医学院与

市医师会和医院组成水俣怪病对策委员会，展开调查。在调查中把疯猫和怪病人联系起来分析，确认这是由日氮公司排出的废水引起的。因为，该工厂在生产氯乙烯、醋酸乙烯时，采用低成本的汞催化剂（氯化汞和硫酸汞）工艺，把大量含有甲基汞的毒水废渣排入水俣湾和不知火海，殃及海中鱼虾。当地居民常年食用这种受污染的海产后，大脑和神经系统受到损伤，具体病症表现为眼神呆滞、常流口水、手足颤抖不已，发作起来即狂蹦乱跳。这是一种不治之症，轻者终生残疾，重者死亡。因这种怪病发生在水俣地区，故称为"水俣病"。

　　"水俣病"给人们带来无穷的灾难。首当其冲的是捕渔业。因为鱼有毒，居民不敢食用，企业开始倒闭，成千上万渔民被迫加入失业队伍。1958年春，厂方为掩人耳目，将毒水排入水俣镇的北部，造成新的污染区。六七个月后，在那里又出现了18个汞中毒病人。当地居民要求政府调查此事，但厂方百般阻挠，地方当局态度暧昧，以致水俣病在日本各地迅速蔓延。1963年，日本西海岸的阿贺野川流域下游的新潟县内，出现大批的"自杀猫"、"自杀狗"。1964年8月当地猫的90%以上都"自杀"了，随之有死猫的居民也相继出现水俣病症状。短期内患者增加到45人，其中5人死亡，他们都是食用阿贺野川鱼最多的。这一事件是由昭和电器公司鹿濑工厂排放含汞废水引起的，因病症和"水俣病"相同，因此被称为"第二水俣病"。据1972年日本环境厅公布，日本熊本县水俣湾与新潟县阿贺野川两个地区共有汞中毒患者283人，其中60人已死亡，受害居民已达1万人左右。水俣病对人们的残害使好多家庭妻离子散、家破人亡。在日本的报纸杂志上迄今还时有水俣病后患的报道。